청소년을 위한 택리지

청소년을 위한 택리지

초판 1쇄 발행 2006년 4월 24일
초판 9쇄 발행 2013년 4월 20일

지은이 이중환
옮긴이 김흥식
펴낸이 이영선
펴낸곳 서해문집
이 사 강영선
주 간 김선정
편집장 김문정
편 집 허 승 임경훈 김종훈 김경란 정지원
디자인 오성희 당승근 안희정
마케팅 김일신 이호석 이주리
관 리 박정래 손미경

출판등록 1989년 3월 16일 (제406-2005-000047호)
주 소 경기도 파주시 문발동 파주출판도시 498-7
전 화 (031)955-7470 | **팩스** (031)955-7469
홈페이지 www.booksea.co.kr | **이메일** shmj21@hanmail.net

ⓒ 서해문집, 2006
ISBN 978-89-7483-279-7 43980

이 도서의 국립중앙도서관 출판시도서목록(CIP)은 e-CIP 홈페이지(http://www.nl.go.kr/ecip)에서
이용하실 수 있습니다.(CIP제어번호: CIP2006000807)

06

청소년을 위한

택리지

이중환 지음 · 김홍식 옮김

서해문집

우리 땅에 대한 감동적인 보고서
– 이중환과 《택리지》에 대하여

조선 숙종 16년(1690년)에 태어난 이중환李重煥은 성호 이익의 학풍을 이어받은 실학자다. 그의 호는 휘조 · 청담 · 청화산인 등 여러 가지가 있으나, 《택리지》에서는 주로 청화산인으로 통한다.

이중환은 1713년(숙종 39년)에 증광별시에 급제하여 1717년 김천도찰방을 거쳐 1722년 신임사화 때 병조좌랑이 되었다. 당시 이중환은 목호룡이란 자와 가깝게 지냈는데, 목호룡은 정인중 등을 참소하여 노론 일파를 옥에 갇히게 한 신임사화의 장본인이다. 그러나 이 사건은 훗날 영조가 즉위한 뒤 무고로 일어났음이 밝혀졌고, 그로 말미암아 목호룡은 물론 이중환까지도 화를 당했다.

1725년 2월부터 4월까지 이중환은 네 차례나 형을 받았고, 이듬해 12월에 섬으로 유배되었다. 다음 해 10월에 그는 석방되었으나 그해 12월에 사헌부의 탄핵을 받아 다시 유배되었다. 그후 그는 일정한 거처도 없이 세상의 온갖 풍상을 겪으면서 이곳저곳을 떠돌아다녔는데, 이때의 경험은 《택리지》 저술에 자양분이 되었다. 그는 무엇보다도 벼슬에서 물러난 사대부들이 대를 이어 살 수 있는 새로운 삶의 터전을 찾는 데 관심을 가졌다.

《팔역지》·《팔역가거지》·《동국산수록》·《동국총화록》·《형가승람》·《팔도비밀지지》 등 여러 이름의 필사본으로 전해 오는 《택리지》는, 실사구시의 학풍에 따라 쓴 우리나라 최초의 인문지리서다. 종전의 지리서가 《동국여지승람》과 같이 군현별로 쓰인 백과사전식인 반면에, 《택리지》는 우리나라를 총체적으로 다룬 팔도총론과 도별 지지, 주제별로 다룬 복거총론으로 구성되어 있어 그 체계와 집필 방식이 새롭고 신선하므로 본격 인문지리서의 효시가 되었다.

《택리지》는 1753년에 정언유가 쓴 서문을 필두로 사·농·공·상을 다룬 사민총론, 전국 팔도를 다룬 팔도총론, 지리·생리·인심·산수 네 분야에 걸쳐 살기에 적합한 곳을 다룬 복거총론, 종합 편인 총론으로 구성되어 있다.

이 책은 지리서이기는 하나 정치, 경제, 사회, 역사, 교통, 인심까지 폭넓게 아우르고 있어 그 자체만으로도 풍부하고 흥미로운 이야깃거리를 제공한다. 지리와 인간 생활의 상호 관계를 실증적이고 과학적인 방법으로 서술한 이 책은, 오늘날 보아도 손색없을 정도로 빼어난 인문지리서임이 분명하다.

《택리지擇里志》라는 제목에서도 알 수 있듯이 이 책은 살 만한 땅을 가려 택하는 데 초점이 맞추어져 있다. 그러나 당시 사람들이 가장 중요하게 여긴 풍수론에 의거해서 살 터를 논한 것이 아니라, 그 지역의 지리적·사회적·

경제적 요건을 두루 논함으로써 인식의 폭과 깊이를 더했다. 또한 풍수론 중에서도 타당하다고 생각하는 점을 받아들이고 간간이 풍수사의 견해도 소개하고 있어 당시의 지리관을 엿볼 수 있다. 지금은 이중환이 살던 시대와는 여러모로 다르지만 조선 중기의 지리와 사람살이의 모습을 생생하게 보여 준다는 점에서 《택리지》는 오늘날에도 그 의미가 크다 하겠다.

서문

선비 군자가 멀리 떠나고자 뜻을 세우고 머물 곳을 골랐다면, 보고 행할 뿐 말을 하고 과시할 필요는 없다. 그렇다면 이 글은 무엇 때문에 지은 것인가?

《주역》에 "의로움을 지키기 위해 은둔하는 사람이 드물어진 지도 이미 오래다"라고 했으니, 이 글을 쓴 이의 뜻도 여기에 있는 듯하다. 삶의 으뜸은 속세를 피하는 것이요, 그 다음은 땅을 가려 택하는 것이다. 그런 까닭에 옛날 소부와 허유(중국 요 임금 때의 은자)는 기산과 영천에, 동원공과 기리계(진나라 시황제 때의 현인)는 상산에, 방덕공은 녹문산에, 사마덕조는 양양에 숨어 살았으니, 비록 시대와 지역은 달라도 속세를 피해 숨은 뜻은 같다 하겠다.

이들에게는 미치지 못한다 하더라도 요란하고 시끄러운 세상을 벗어나 어디에도 구애됨이 없이 종적을 감추고 진리를 기르면서 편안히 늙는다면, 이 또한 고니가 나는 것이요 신선이 거니는 것이 아니고 무엇이겠는가. 두자미

(당나라 때의 시인인 두보를 가리킨다)는 무릉도원을 그리워하며 자신의 못난 신세를 한탄했는데, 그가 어찌 황당한 이야기에 마음을 두고 그곳에 참으로 가고자 했겠는가. 이는 어지러운 세상 속에서 이리저리 떠돌아다닌 끝에 낙토樂土를 생각하여 말한 것이리라.

나는 굴원이 지은 《초사》의 〈복거〉와 〈원유〉 몇 편을 읽고 시대를 생각하며 그 뜻을 슬퍼했다. 그가 진실로 왕실을 영구히 하직하고 멀리 떠나려 했다면 구주九州(중국 상고 때의 행정 구역)가 넓고 크니 두루 돌아다니다 보면 어찌 한 곳 머물 데가 없었겠는가. 그러나 뒤돌아보면서 차마 떠나지 못했기에 마침내 소상강에 빠져 죽어도 후회하지 않았던 것이다. 신하가 나라를 떠나는 경우에도 자기 감정과 뜻에 따를 것이 아니라 마땅히 순리에 따르고 천명을 기다려야 할 것이다. 그런 까닭에 주자도 그러한 행동을 참된 충이라 인정했다.

청화자 이중환은 명문의 자손으로, 어려서부터 그 뛰어남을 세상에 알렸고 문장 또한 세상을 흔들어 빛나는 관직과 높은 품계가 바로 앞에 있었다. 그러나 불행하게도 임금에게 내침을 당해 어려운 처지에 빠진 지 수십 년이 되었다. 지금은 성군의 시대요 저 날뛰는 초나라 시대도 아니건만 내침을 당한 것은 마찬가지다. 그러니 그가 살 땅을 찾아 세상을 피하고자 한 것은 당연한 것이 아니겠는가.

우리나라 산천에도 고을이 약 삼백육십 개나 되는데, 대관령 남쪽이나 호남·호서 사이에 숨어 살 만한 복 받은 땅이 어찌 없겠는가. 두어 칸 집을 지어 칠 척 한 몸을 편하게 하는 데 어디가 어울리지 않겠는가. 그러나 때를 놓치고 헛되이 세월만 보내다가 결단하지 못하고 종이 위에 빈말만 늘어놓게 되었다.

무릉도원을 그리워하던 두보와 같은 뜻을 말한다면 지금은 그때처럼 어지러운 때가 아니요, 임금을 그리워하여 옛 도읍을 돌아보고자 하는 뜻을 말한다면 넓은 세상 어딘가에 반드시 공감하는 이가 있을 것이다. 그런즉 기산·영천·상산의 높은 풍치와 녹문산·양양의 그윽한 발자취, 고니의 비상과 신선의 걸음은 모두 말에 불과한 것이다.

옛사람들은 저잣거리 술꾼들 틈에 숨어 술에 취해 장차 세상사에 관여하지 않을 듯하면서도 어느 곳에 있으나 임금과 신하의 나아감과 물러남을 걱정했다. 그러니 군자의 윤리를 어찌 새나 짐승의 무리와 견줄 수 있겠는가! 숨어 살 곳이 필요한 자라면 이 기록은 보는 이에 따라 그 의미가 있을 것이다.

계유년 늦은 봄 동래에서 정언유● 씀

● 정언유
조선 후기 문신으로 예조좌랑을 거쳐 호조참판에 이르렀다. 꾸밈을 싫어하고 구차하게 화합하지 않고 소신대로 추진하는 행실을 인정받아 정조 20년에 청백리로 추천되었다.

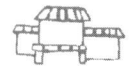

차례

사민총론 四民總論

어진 법을 닦으면 사농공상이 다 하나다

사대부란 누구인가

옛날에는 사대부란 것이 따로 없이 모두 백성이었다. 백성은 네 가지로 나누었는데, 선비로서 어질고 덕이 있으면 임금이 벼슬을 주었고, 벼슬을 하지 못한 자는 농사를 짓거나 공업이나 상업에 종사했다.

순 임금(중국 고대의 전설적인 제왕으로, 요 임금과 더불어 성군의 상징이다)도 예전에는 역산에서 밭을 갈았고, 황하 가에서 질그릇을 구웠으며, 뇌택에서 고기잡이를 했다. 밭갈이는 농부의 일이요, 질그릇을 굽는 것은 공인의 일이며, 고기를 잡아 파는 것은 상인의 일이다. 그러므로 벼슬을 하지 않으면 농·공·상이 되는 것은 당연하다.

무릇 순 임금은 예로부터 만백성의 표본이다. 임금의 다스림이 극치에 이르면 모든 백성들은 우물을 파고 밭을 갈아 유유자적한 생활 속에 즐거움을 누릴 뿐, 어찌 등급과 명예의 차별이 있겠는가.

그러나 인간 세상이 생긴 지 오래되자 예절이 번잡해지면서 명분이 달라지고, 명분이 달라질수록 등급도 많아졌다. 그와 함께 성인聖人의 의장儀章(의례적인 문장)과 관작 등급의 대소도 지극히 많아졌다. 하·은·주 삼대 때는 제후의 수가 많았으며, 그로부터 이어져 내려온 귀족과 대부들도 각자 예로써 부귀를 누렸다.

선비로서 벼슬하지 못한 자는 비록 부귀를 누리지는 못했으나 성인의 법을 지켰다. 집안을 다스리고 자신을 수양하는 데 힘을 다하여 분수에 넘치는 일이 없음은 경대부와 다름이 없었다. 그러므로 《시경》과 《서경》을 외고 인의와 예악을 실천했다. 이로부터 사대부라는 이름이 비롯되었으며, 뜻하는 바도 일반 백성들과는 달랐다. 그리하여 농·공·상은 천한 신분이 되었고, 사대부란 이름은 더욱 귀하게 되었다.

그후 진秦나라가 제후들을 멸망시키고 천하를 통일한 뒤로 천자 한 사람을 제외하고 벼슬하는 자와 벼슬하지 않고 초야에 묻혀 사는 자를 막론하고 선비의 도리에 따라 살면 모두 사대부라 부르게 되었다. 그리하여 그 수는 더욱 많아졌다. 그러나 이는 먼 옛날의 제도가 아니다.

세상에서 가장 아름다운 이름, 사대부

순 임금은 요 임금 때 사대부였지만 농·공·상의 일을 하고도 부끄러워하지 않았다. 그렇다면 후세에는 왜 꺼리게 되었을까? 자신이 사대부라 하여 농·공·상을 업신여기고, 농·공·상의 신분으로서 사대부를 부러워한다면 이는 모두 그 근본을 모르는 것이다. 성인의 법이 어찌 사대부만 실천할 수 있는 것이겠는가. 농·공·상도 모두 실천할 수 있는 것일진대, 사대부와 농·공·상의 다른 점이 어디에 있단 말인가.

그러나 후세에 와서는 사람들의 품성이 옛날에 미치지 못하여 기품에도 어짊과 어리석음의 차이가 나타났고, 기술에도 뛰어나고 뛰어나지 못함이 나타났다. 결국 사대부는 혹 농·공·상의 일을 할 수 있어도 농·공·상을 본업으로 하던 자는 사대부의 일을 하지 못하게 되었다. 이에 부득이 사대부를 중히 여기게 되었으니, 이것이 자연스런 추세가 되어 귀천의 차별이 생겨났다.

그런 까닭에 사대부는 자신의 주장을 설파하여 한 세상의 권세를 흔들기도 하고, 꺾이지 않는 기개로 수레 만 대를 가진 군주(천자를 가리킨다. 수레 만 대의 군사력을 유지하려면 사방 천 리의 영지가 있어야 했다)에게 대항하기도 했다. 그뿐만 아니라 농경, 목축, 밭일, 도공이나 숯장수, 약장수의 무리에 섞여도 통하지 않는데가 없었다.

귀함과 천함을 뜻대로 하고 높고 낮음 또한 마음대로 정하니, 그가 세상을 발아래 두고 본다 한들 어느 누가 그것을 금하겠는가. 그런 까닭에 세상에서 가장 아름답고 좋은 것이 사대부라는 이름이다.

사대부라는 이름이 세월이 지나도 없어지지 않는 것은 옛 성인의 법을 잘 지키기 때문이다. 그러므로 선비와 농부를 막론하고 사대부의 행실을 한결같이 닦는 것이 마땅하다. 이를 위해서는 예를 갖추어야 하고, 예는 살림이 충분하지 않으면 갖출 수 없다. 따라서 집을 짓고 직업을 마련하여 관혼상제의

예로써 위로는 부모를 섬기고 아래로는 처자를 거느리며 가문을 유지할 방도
를 세워야 한다. 그런 까닭에 사대부는 거처할 곳을 만드는 것이다. 그러나
형세에도 이로움과 불리함이 있고, 지역에도 좋고 나쁨이 있으며, 인사人事에
도 나아가고 물러나는 때가 있다.

팔도총론 八道總論

강과 산은 멀리 천 리 밖에서 만나고

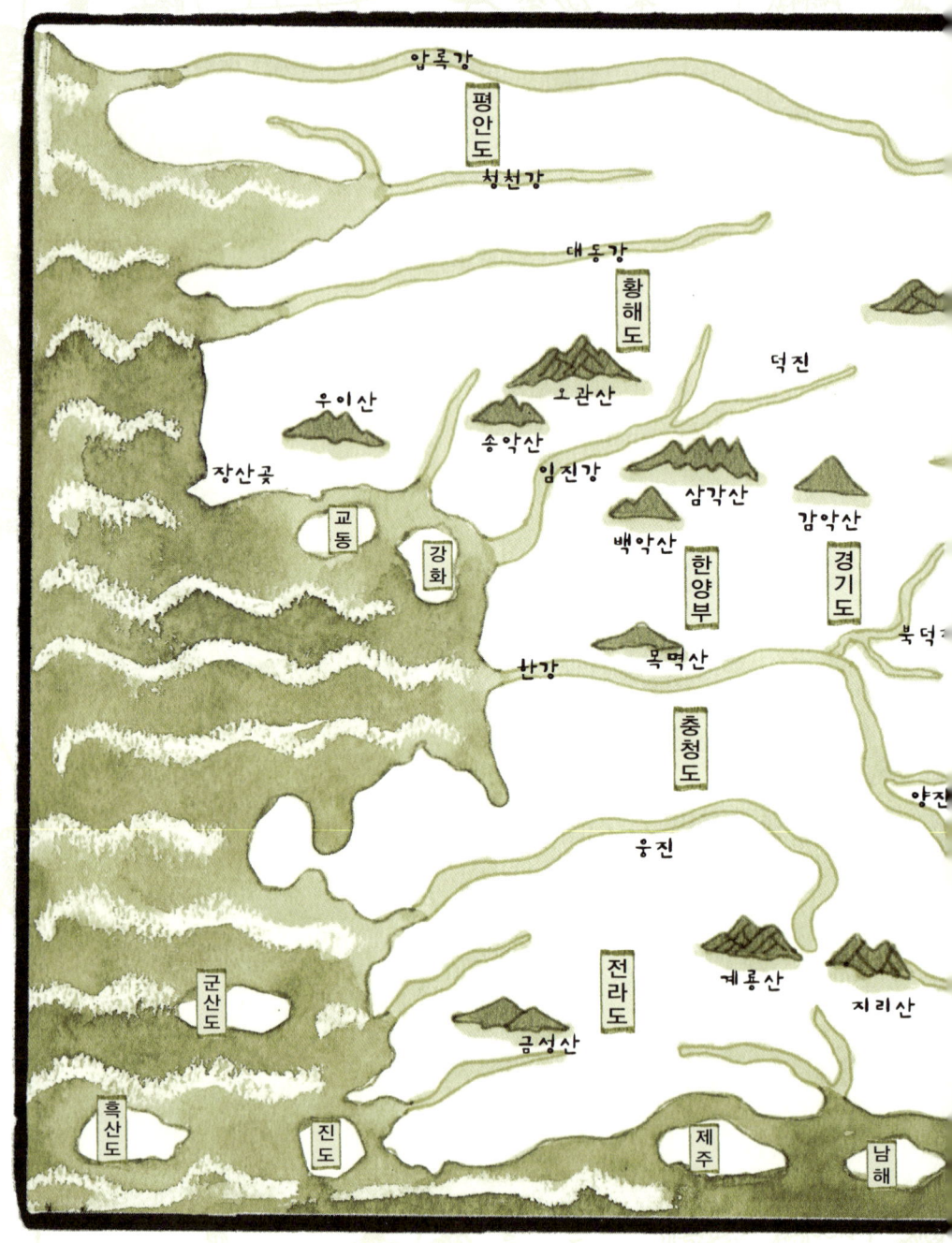

팔 도 총 도

함경도
두만강

강원도

죽령

경상도

동강

가야진

우산도

대마도

조선의 지리적 위치

중국 서쪽의 영산인 곤륜산 한 줄기가 대사막 남쪽으로 뻗어서 동쪽의 의무려산이 되었고, 여기에서 줄기가 끊어져 요동 벌판이 되었다. 이 줄기가 벌판을 지나 다시 백두산이 되었는데, 《산해경》에서 말하는 불함산이 바로 이곳이다. 산의 정기가 북쪽으로 천 리를 달려 두 강을 사이에 끼었고, 남쪽으로 향하여 영고탑을 만들었으며, 뒤쪽으로 뻗은 한 줄기는 조선 산맥의 머리가 되었다.

우리나라에는 팔도가 있는데 평안도는 중국 심양과 이웃했고, 함경도는 여진과 이웃했으며, 강원도는 함경도와 이어졌다. 황해도는 평안도와 이어졌고, 경기도는 강원도와 황해도 남쪽에 있다. 경기도 남쪽은 충청도와 전라도이며, 전라도 동쪽은 곧 경상도다.

경상도는 옛날 변한과 진한 지역이고, 경기·충청·전라도는 옛 마한과 백제 지역이다. 함경·평안·황해도는 고조선과 그 뒤를 이은 고구려 지역이고, 강원도는 따로 떨어져 예맥 지역이다. 이 나라들의 흥함과 소멸은 자세히 알 수 없으나, 당나라 말기에 고려 태조 왕건이 나서서 삼국을 통합하여 고려를 건설했고 우리 조선이 이를 계승했다.

조선의 지세는 동쪽과 남쪽과 서쪽이 모두 바다요, 북쪽 한 길만 여진과 요동으로 통한다. 산이 많고 평야가 적으며 백성은 유순하고 근면하나 기개가 약하다. 남북으로는 삼천 리에 이르지만 동서로는 천 리에 미치지 못한다. 바다를 건너 남쪽으로 건너면 중국 절강성의 오현과 회계현 사이에 이른다. 평안도 북쪽 끝에 있는 의주는 국경의 첫 고을로서 중국 청주와 위도가 비슷하다. 우리나라는 대체로 일본과 중국 사이에 자리했다.

조선의 역사

옛날 요 임금 때 한 신인神人이 평안도 개천현 묘향산 박달나무 밑 석굴에서 태어났다. 이름을 단군이라 했는데, 후에 구이九夷(중국에서 이르던 동쪽의 아홉 오랑캐)의 군장이 되었으나 연대와 후손에 관해서는 알려진 것이 없어 기록할 수 없다.

그후 **기자**가 조선에 봉해지자 평양에 도읍을 정했다. 그러나 손자 기준에 이르러 진秦나라 때 연나라 사람인 위만(고조선

은나라 주왕의 숙부로, 은나라의 3대 현인으로 꼽힌다. 주나라 무왕이 은나라를 멸망시키자 조선으로 들어와 기자 조선을 세웠다고 한다. 그러나 역사적 사실로 믿기는 어렵다.

강과 산은
멀리 천 리 밖에서 만나고

의 한 나라인 위만 조선의 창건자)에게 쫓겨 바다를 건너 전라도 익산에 도읍을 정하고 나라 이름을 마한이라 했다. 기씨가 통치하던 지역은 그 경계가 분명하지 않지만 역사에서는 진한, 변한과 함께 삼한이라 한다.

혁거세는 한나라 선제 때 일어나 경상도를 모두 차지하고 진한과 변한을 쳐서 복종시킨 뒤, 나라 이름을 신라라 하고 경주에 도읍을 정했다. 신라는 박씨, 석씨, 김씨가 돌아가면서 왕이 되었다.

위만 조선은 한나라 무제 때 멸망했다. 그후 한나라에서 백성만 옮겨 가고 땅은 버리자 주몽이 말갈에서 일어나 평양을 차지하고 나라 이름을 고구려라 했다. 주몽이 죽자 둘째 아들 온조도 한강 이남 땅을 차지하고 마한을 멸망시킨 뒤, 나라 이름을 백제라 하고 부여에 도읍을 정했다.

고구려와 백제는 모두 당나라 고종 때 멸망했는데, 당나라가 그 땅을 버리고 군사를 거두어 돌아가자 두 나라 땅이 모두 신라의 지배 아래 들어왔다. 그후 신라 말에 다시 궁예와 견훤이 이 땅을 나누어 차지했으나 고려에 의해 통일되었다. 이것이 우리나라 연혁의 대략이다. 신라 이전에는 삼국 사이에 전쟁이 그치지 않아 남아 있는 기록이 적다. 그런 까닭에 고려시대부터 비로소 역사를 기록할 수 있다.

사대부의 내력

고려 때는 사대부라는 이름이 뚜렷이 자리 잡히지 않아서 많은 사람들이 하급 관리인 서리에서 일어나 경상에 이르렀다. 한번 경상에 오르면 자손도 사대부가 되어 모두 경성(고려시대에는 서울을 남경이라 불렀다)에 거주했다. 그러므로 경성은 마침내 사대부들이 모인 땅이 되었다.

지방 사람 가운데는 조정에서 벼슬하는 자가 드물었는데, 쌍기(중국 후주 사람으로, 고려 광종 때 고려에 왔다가 귀화했다)가 과거 제도를 만들어서 인재를 등용하자 지방 사람들도 차츰 벼슬길에 오르게 되었다. 그러나 서북 지방에서는 무신이 많이 배출되었고, 동남 지방에서는 문인이 많았다.

고려 말에 이르러서는 나라 안에 학문하는 기풍이 크게 일어나 중국 과거에 합격하는 자도 있었는데, 이는 원나라와 교류한 결과다. 오늘날 큰 집안이라 불리는 일족 중에는 고려시대 경상의 후예가 많다. 그러므로 사대부의 계통도 고려시대부터 비로소 기록할 수 있다.

위원

강계

봉천대산

독산

인삼이 많이 나는곳

적유령

검산

고구려 환도성

백산

백역산

성

영변

광성산

영원

묘향산

대림산

개천

덕천

맹산

마륜령

투우산

오봉산

고사산

장안산

순천

천성산

자산

진강산

승화산

회산

양덕

대박산

강선루

봉두산

강동

삼등

성천

청룡산

백령산

상원

화산

구룡산

인심이 가장 좋은 곳, 평안도

평양, 역사적 명승지

평안도는 압록강의 남쪽과 패수(고조선 때의 강 이름이나, 어느 강인지는 확실하지 않다) 북쪽에 자리하고 있으며, 옛날 은나라에서 기자를 보내 다스리던 지역이다. 평안도의 옛 경계는 압록강을 지나 만주의 청석령까지로, 《당사》에 기록된 안시성과 백암성이 이 지역 안에 있다. 그런데 고려 초부터 이어진 거란의 침공으로 땅을 빼앗겨 마침내 압록강이 경계의 끝 지점이 되었다.

평양은 감사가 직접 다스리는 곳으로, 옛날 기자가 도읍한 곳이기에 구이 중에서 풍속이 가장 발달했다. 평양은 기씨가 천 년, 위씨와 고씨가 팔백 년 동안 다스렸고, 나라의 중요한 진이 된 지도 천 년이 넘었다.

그런 까닭에 이 지역에는 아직도 기자가 만든 정전(고대의 토지 제도 중의 하나로, 일정한 넓이의 땅에 우물 정井 자 모양으로 구획을 나누어 농사를 짓게 한 것이다) 터와 그의 무덤 이 남아 있다. 나라에서는 기자의 묘 옆에 숭인전을 지어 위패를 모시고, 그 의 후손인 선우씨를 그곳을 관리하는 전관으로 삼아 대를 이어 제사를 받들

게 했다. 이는 중국 곡부 지역의 공
씨가 공자 묘를 받드는 것과 같은
이치다.

또한 평양은 산천의 형세가 기기묘
묘하고 주몽 시대의 옛 유적이 많이 남
아 있지만 전해 오는 말에 허황한 것이
많아 다 믿기는 곤란하다. 평양성은 강가에
자리하고 있고, 강의 절벽 위에는 **연광정**이 세워져 있다. 강 건너에는 먼 산
이 널따란 들판과 긴 숲 너머로 둘려 있어 아름답기가 이루 말로 표현할 수
없을 정도다.

고려 때 시인인 김황원이 연광정에 올라 하루 종일 깊은 시상에 잠겼다가
다음과 같은 두 구절을 얻었다.

긴 성 한쪽에는 넘실넘실 물이요,
큰 들녘 동쪽에는 점점이 산이로다.

그러나 시상이 막혀 더는 시구를 이어가지 못하자 통곡하며 내려갔다고
한다. 하지만 그런 사실을 고려한다고 해도 시가 아름답지 못하여 좀 우스울
따름이다.

명나라 때 주지번은 사신으로 이곳에 왔다가 연광정에 올라 큰 소리로 상
쾌하다고 부르짖고 "천하제일강산天下第一江山"이라는 여섯 글자를 손수 써서

강과 산은
멀리 천 리 밖에서 만나고

현판을 만들어 내걸었다. 그런데 정축년(1637년)에 청나라 황제가 군사를 이끌고 돌아갈 때 이 현판을 보고 "중원에 금릉과 절강이 있는데 여기가 어찌 제일이 될쏘냐" 하고 사람을 시켜 깨뜨리게 했다. 그러나 얼마 뒤 그 글씨가 좋음을 아까워하여 "천하天下" 두 글자만 톱질해 버리도록 했다.

연광정 북쪽으로는 청류벽이 있고, 그것이 끝나는 곳에 부벽루가 있는데, 바로 평양성 모퉁이에 있는 영명사 앞이다. 명종 때 하곡 허봉(허난설헌의 오빠이자 허균의 형으로, 문장으로 이름이 높았다)이 유생으로 있을 때 벗들과 함께 부벽루에 놀러 갔는데, 감사의 사위와 약속하고 누대 위에 기생과 풍악을 크게 벌였다. 감사의 부인은 사위가 기생을 끼고 즐기는 것을 참지 못하고 감사를 부추겨 포졸들을 보내 기생들을 모두 잡아 가두도록 했다. 하곡은 낭패를 당하고 돌아와 〈춘유부벽루가〉 한 편을 지어 감사를 조롱했다. 이 글은 곧 성 안팎으로 널리 퍼졌고, 감사는 이 때문에 세상에서 버림을 받았다.

평안도는 땅이 비록 오곡과 목화 가꾸기에 알맞으나, 제방과 개울이 적어서 주로 밭농사만 짓는다. 그러나 하류에 있는 벽지도는 강 한가운데에 위치하여 강물이 줄면 진흙이 나타나므로, 백성들이 그 안에다가 논을 만들어 1묘(사방 육백 자)에 1종(여섯 섬 너 말)을 수확한다.

강은 백두산 서남쪽에서 나와 삼백 리를 내려오다가 영원군에 와서 강줄기가 되고, 강동현에 이르러서는 양덕과 맹산의 물과 만나며, 부벽루에 이르러 대동강이 된다. 대동강 남쪽 언덕은 십 리나 뻗친 긴 숲인데, 관에서 땔감 채취와 가축 방목을 엄금하여 기자 때부터 지금까지 숲이 우거지다. 해마다 봄, 여름이면 숲 그늘에 가려 하늘이 보이지 않을 정도다.

성천부

평양 동쪽에는 성천부가 있다. 이곳은 옛날 송양왕(압록강 중류의 비류수 지역에 있던 작은 부족 국가의 왕으로, 훗날 북에서 내려온 주몽과 세력 다툼을 벌이다 항복했다)의 나라로 주몽에게 합병된 지역이며, 강가에 관아가 있다. 성천부는 광해군이 임진왜란 때 피난하여 종묘와 사직을 받들던 곳이기도 하다.

광해군이 임금이 되자 부사 박엽을 시켜 객관 옆 강선루를 크게 수리하게 했다. 누각이 약 삼백 칸이나 되고 지음새가 웅장하여 팔도의 누각 중에 으뜸이다. 누 앞에는 흘골산 열두 봉이 있으나 돌빛이 아담하지 못하고, 강물은 얕고 빠르며, 들판 또한 비좁아서 평양보다는 훨씬 못하다.

광해군은 박엽이 재능이 있다 하여 그를 평양감사로 발탁했다. 그때 만주에서 난을 꾸미며 서쪽 방면에 재난이 많았다. 이에 박엽이 재주와 슬기로 대처하자 광해군의 신임이 두터워져 십 년 동안이나 벼슬을 했다.

박엽은 재물을 많이 써서 첩자를 잘 이용했다. 한번은 지방을 순시하다가 구성에 이르렀는데, 마침 청나라 병사들이 성을 포위했다. 그날 밤 되놈(청나라 사람을 낮추어 부르는 말) 하나가 성을 넘어 박엽의 침소에 들어와 박엽의 귀에다 무엇을 말하고 갔다. 다음 날 아침 박엽은 사람을 시켜 술을 가지고 가서 청나라 병사들을 먹이고 쇠고기로 긴 꼬치 적을 만들어 나누어 주게 했는데, 남지도 모자라지도 않고 병사 수와 똑같았다. 이를 본 청나라 장수가 크게 놀라며 이는 분명 신의 조화라 여기고 박엽과 강화한 뒤 포위를 풀고 가버렸다.

계해년(1623년)에 박엽의 비장神將 한 사람이 틈을 타서 이렇게 말했다.

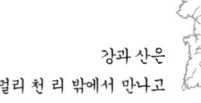

강과 산은
멀리 천 리 밖에서 만나고

31

"지금 조정은 패망할 것입니다. 공은 임금이 총애하는 신하이니 반드시 화를 당할 것입니다. 그러니 청나라와 은밀히 결탁해 두었다가 만약 조정에서 무슨 일이 벌어지거든 이곳을 청나라에 바치고 그 일부를 떼어 공이 차지하십시오. 그러면 충분히 스스로 일어설 수 있을 것입니다. 그렇지 않으면 화를 면하기 어렵습니다."

박엽이 말했다.

"나는 문관이다. 어찌 나라를 배반하는 신하가 되겠는가."

이에 비장은 곧 박엽을 버리고 달아났다. 얼마 안 되어 **인조반정**이 일어났다. 조정에서는 곧 사신을 보내 박엽을 임지에서 베어 죽였다.

선조의 뒤를 이은 광해군은 당론의 폐해를 누구보다도 절감했기에 그것을 뛰어넘으려고 했으나 자신을 왕에 앉힌 대북파의 음모와 간청을 끝내 뿌리치지 못했다. 광해군은 대북파의 간청에 따라 임해군과 영창대군을 역모죄로 죽이고, 인목대비를 유폐시켰다. 이는 당시 정권에서 소외된 서인 일파에게 반란의 구실을 제공했다. 결국 이귀·신경진·김자점·김류·이괄·최명길 등 서인 일파는 반정을 도모하여 능양군, 즉 인조를 왕으로 옹립하는 데 성공했다.

안주와 영변

평양 서쪽 백여 리 되는 곳에 있는 안주는 청천강과 닿아 있다. 강가에는 백상루가 있고, 누 곁에는 칠불사가 자리하고 있다. 고구려 때 수나라 군사가 쳐들어와서 강가에 이르렀을 때의 일이다. 승려 일곱[七佛]이 수나라 군사들

앞에서 물을 건너는데 물이 무릎에도 차지 않았다. 수나라 군사들이 승려들을 따라 공격해 가다가 선봉에 선 부대가 고스란히 물에 빠져 죽었다. 이에 급히 군사를 후퇴시키자 승려들도 이내 보이지 않았다. 안주 사람들은 이를 은덕으로 여기고 절을 짓고 제사를 올렸다.

안주 동북쪽은 영변부다. 영변부는 산세를 따라서 성을 쌓았는데, 매우 가파르고 험하여 철옹성이라 부른다. 평안도 전체에서 외적을 방어할 만한 곳은 오직 여기뿐이다. 영변부 북쪽은 검산령으로 고구려의 옛 도읍인 환도성이 있던 자리이며, 성터가 아직 남아 있다.

산삼의 산지, 강계

영변부에서 북쪽으로 큰 재 둘을 넘으면 강계부다. 부 동쪽에서 백두산까지는 오백 리이며, 그 사이에 폐사군이 있다. 세종때 이 지역을 강계부에 편입시켜 거기 살던 백성들을 이주시켜 그곳을 비워 버렸다. 지금 폐사군 지역은 나무숲이 하늘을 가리는 아주 깊은 두메가 되었다.

이곳에서는 인삼이 많이 나서 관에서는 해마다 봄·가을에 백성들에게 산에 들어가 인삼을 캐도록 허가하고, 공물과 각종 세금 대신 인삼을 바치도록 했다. 이런 까닭에 강계는 나라 안에서 인삼 산지로 유명하다.

강계부 서쪽은 위원 땅인데, 이곳에는 명나라 이성량의 조상 무덤이 있다. 이성량의 아비는 원래 위원 사람이었는데, 사람을 죽이고 도망쳐 중국 광령

에 들어가 살다가 이성량을 낳았다. 이 때문에 이성량의 아들 이여송(명나라 장
수로서 임진왜란 때 군사를 이끌고 조선에 와서 많은 공을 세웠다)은 항상 "나는 본디 조선 사
람이다"라고 했다.

위원 서쪽에는 여섯 고을이 있다. 그중 의주는 국경의 첫 고을로 심양으로
통하는 길목이며, 고을 관아는 압록강 가에 있다. 강 너머로 두 갈래 큰 물이
오랑캐 땅 동북쪽에서 흘러와 만나, 다시 고을 북쪽에 이르면 세 갈래로 갈라
진다. 그러나 해마다 장마에 물이 불어 넘치면 세 강이 하나로 합쳐져 바다로
들어간다.

역사의 현장, 위화도

강의 한복판에 위화도가 있다. 고려 말에 최영이 우왕에게 요동을 공격하
도록 권하고, 우왕과 함께 평양에 와서 우리 태조대왕(이성계)에게 군사 육만 명
을 거느리고 이 섬에 머물게 했다. 때는 한여름으로, 태조는 군사들의 생각에
따라 세 번이나 상소를 올려 싸움을 중지할 것을 청했다. 그러나 최영은 듣지
않았다.

태조가 여러 장수들과 의논하여 군사를 돌이켜 최영을 죽이기로 하니, 온
군사가 기꺼이 따랐다. 드디어 군사를 돌이키자 최영은 사태가 변했음을 듣
고 우왕과 함께 달아났다. 태조는 우왕 일행을 쫓아가 궁성을 포위하여 최영
을 잡아 죽이고 우왕 부자를 폐했다. 그런 뒤 공양왕을 세웠으나 얼마 지나지

않아 왕위를 물려받았다.

쌀값 비싼 평안도

청천강 이남을 사람들은 청남이라 하는데, 지형이 동서로 좁다. 청천강 이북은 청북이라 하는데, 동서로 길게 뻗어 있고 매우 넓다.

평안도 전체는 동쪽으로 산맥 줄기와 가까워 산이 많고 평지가 적다. 또한 관개할 만한 냇물과 못물이 모자란다. 이 때문에 논이 아주 적고, 들은 온통 밭고랑투성이다. 기씨와 고씨가 이곳을 다스리던 한창 때는 땅이 좁고 백성은 많아 산을 깎아 개간한 곳이 많았다.

그러나 그후 여러 차례 한나라 군사들의 분탕질을 받아 땅이 많이 황폐해졌다. 또 왕씨가 통일한 뒤에는 백성들이 삼남 지방으로 많이 내려가서 지금은 들은 넓으나 사람이 드물어 산에 농사짓는 곳이 적다. 서해와 가까운 여러 고을에는 바다의 조수를 막아 논을 만든 곳이 많지만 밭보다는 적어 평안도 전체의 쌀값은 삼남보다 항상 비싸다.

평안도의 민간 풍속을 보면 뽕과 삼을 심어 베짜기를 많이 한다. 그리고 생선과 소금이 아주 귀하여 비록 바닷가 고을이라도 소금 굽는 곳이 드물다. 이 지방에서는 대나무, 감, 닥나무, 모시는 나지 않는다. 더구나 청북 지역은 높고 추우며 북쪽 국경과 가까운 까닭에 꽃과 과실이 별로 없고 산물도 매우 적다. 그러므로 백성들의 생활이 고달프다.

오직 평양과 안주 두 고을만 큰 도회지로 발전하여 저자에 중국 물품이 풍부하다. 장사치로서 중국에 가는 사신을 따라 왕래하는 자들 중에는 많은 이익을 남겨 부유해진 자도 많다.

청남은 내륙과 가까워서 문학을 숭상하는 풍습이 있으나, 청북은 반대로 무예를 숭상하고 거칠다. 오직 정주에서만 과거에 오른 인사가 많이 나왔다.

오백 년 왕업이 시작된 곳, 함경도

함경도의 역사적 발자취

함경도는 평안도 동쪽에 위치한다. 백두대간이 남쪽으로 내려오다가 하늘을 자를 듯한 고개를 만들었는데, 이 고개 동쪽이 함경도다. 함경도는 옛 (옥저) 땅으로, 남으로는 철령, 동북으로는 두만강을 경계로 한다. 남북의 길이는 이천 리를 넘지만, 동서로는 바다에 닿아 백 리가 채 못 된다.

고대의 한 부족 국가로 함남 해안 지대에서 두만강 유역 일대에 걸쳐 있었다. 함흥 일대를 동옥저라 했고, 두만강 유역을 북옥저라 했다. 《삼국지》 〈동이전〉에 따르면 3세기 전반 동옥저의 가구 수는 약 오천 호이고, 땅은 천 리에 달했다고 한다. 음식, 언어, 의복, 가옥, 예절 등이 고구려와 비슷했다.

이곳은 예전에 숙신(중국 고대 송화강 유역에 있던 한 부족)에 속했으나, 한나라 때 이르러 현도군에 속했다. 그후 주몽이 차지했다가 고구려가 망하자 여진이 차지했다.

강과 산은
멀리 천 리 밖에서 만나고

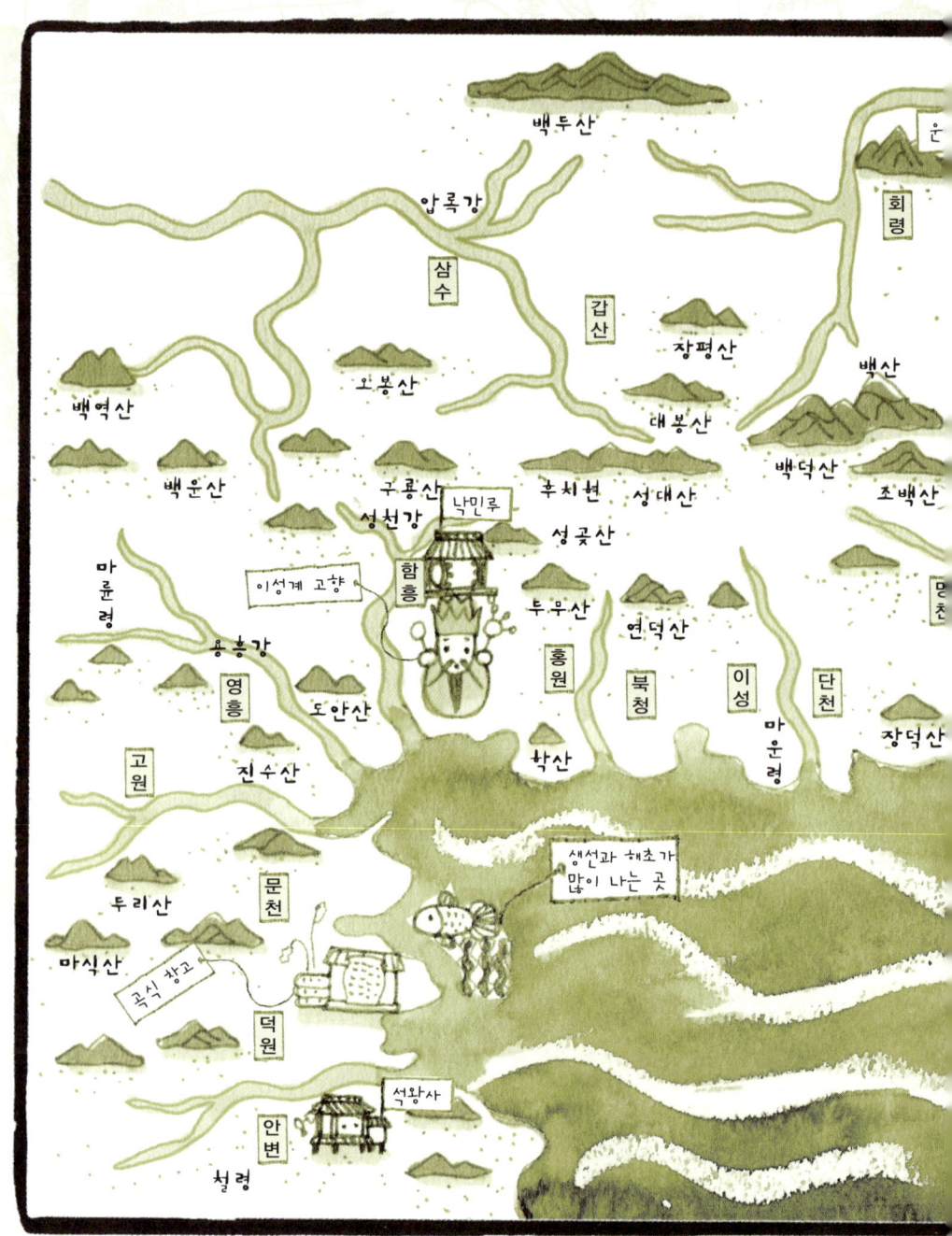

백두산

압록강

운

회령

삼수

갑산

장평산

백산

오봉산

대봉산

백역산

백덕산

조백산

백운산

구룡산   후치령   성대산

성천강 낙민루

성공산

마룬령

이성계 고향

함흥

투무산

연덕산

명

용흥강

영흥

홍원

북청

이성

단천

장덕산

도안산

마운령

고원

진수산

학산

두리산

문천

생선과 해초가
많이 나는 곳

마식산

곡식 창고

덕원

석왕사

안변

철령

【함경도】

두만강

종성

온성

소백산

경원

동랑산

경흥

백악산

강룡산

생선과 소금이
많이 나는 곳

고려는 함흥 남쪽 정평부를 북쪽 경계로 했다가 중엽에 윤관이 군사를 거느리고 가서 여진을 쫓아낸 뒤 두만강 북쪽 칠백 리에 있는 선춘령을 경계로 했다. 그후 금나라에게 땅을 되돌려 주어 다시 함흥을 경계로 했다.

장헌대왕(명나라에서 세종대왕에게 내린 시호)에 이르러서는 김종서로 하여금 북방의 천여 리 땅을 개척하고 두만강 변에 육진과 병영을 설치하게 했는데, 이로써 백두산 동남쪽에 있던 여진의 근거지가 우리 수중에 들어왔다.

숙종 정유년(1717년)에 청나라 강희황제가 목극등에게 백두산에 올라 두 나라의 경계를 살펴 정하도록 했다. 목극등이 두만강을 따라 회령의 운두산성에 왔다가 성 바깥 큰 언덕에 무덤이 여럿 있는 것을 보았는데, 그 지방 사람들은 황제의 능이라 했다. 목극등이 사람을 시켜 파헤치도록 하자 무덤 곁에서 짧은 비석이 나왔는데, 그 위에 '송제지묘宋帝之墓'라는 네 글자가 적혀 있었다. 목극등은 묘의 봉축을 높이 쌓도록 하고 갔다. 이로써 금나라 사람이 말하던 오국성이 곧 운두산성임을 알게 되었다. 그러나 비문에 '송제'라고만 적혀 있어 이 무덤이 휘종(송나라 제8대 임금)의 것인지 흠종(송나라 제9대 임금)의 것인지는 알 수 없다.

운두산성은 동해와 겨우 이백 리 거리이고, 바닷길로는 고려와 아주 가깝다. 또 고려의 전라도와 중국 항주와는 작은 바다를 사이에 두고 있어서 뱃길로 이레 만에 오고갈 수 있다. 만약 송나라 고종高宗(여진족이 세운 금나라에 의해 북송이 멸망하자 북송은 남쪽으로 달아나 남송을 건국했다. 고종은 남송의 초대 임금으로 휘종의 아홉째 아들이다)이 비밀리에 고려를 후히 대접한 뒤 고려를 시켜 동해에 배를 띄워 군사 천 명으로 운두산성을 공격하여 휘종·흠종과 형후(송나라 신종의 숙비 형씨)를 빼앗아 바닷길로 고려 땅에 오르고, 다시 전라도에서 바다를 건너 항주에 닿게 했더라면, 이는 천하에 기이한 사건이 되었을 것이다.

그렇지만 애석하게도 고종은 아비를 염려하는 마음은 없고 서호에서 노는 즐거움에만 정신이 빠져 있었으니, 그 불효한 죄는 하늘에 사무치고 천추에 큰 한이 될 일이다. 그러나 고종은 죽은 지 백 년도 못 되어 도둑 중에게 무덤이 파헤쳐지는 화를 당했고, 휘종은 비록 타향에서 죽어 묻혔으나 지금까지도 무덤이 보존되니, 하늘의 이치가 어떻게 돌아가는지 어찌 알겠는가.

그곳 사람들이 언덕 위에서 밭을 갈다가 옛 제기와 술항아리, 솥, 화로 따위를 발견하니, 아마도 휘종의 능인 듯하다. 나머지는 궁인과 그를 모시던 관원의 무덤인 듯하다. 두만강 북쪽 십여 리 지점에 또 황제 능이 있다고 하는데, 아마도 흠종의 능인 것 같으나 상세히 알 수는 없다.

살기 힘든 함흥 이북

함흥 이북은 산천이 험악하고 풍속이 사나우며 땅이 차고 메말라 곡식이라고는 조와 보리뿐이며, 벼 수확은 적고 면화는 나지 않는다. 그래서 백성들은 개가죽 옷으로 추위를 막으며 굶주림을 견디는데, 이는 여진족과 같다.

산에는 담비와 인삼이 많이 나 백성들은 이것을 남쪽 장사꾼의 면포와 바꾸어야만 비로소 옷감을 얻을 수 있다. 하지만 이것도 살림이 넉넉한 자가 아니면 불가능하다.

강과 산은
멀리 천 리 밖에서 만나고

바다에는 소금과 생선이 많이 난다. 그러나 바닷물이 너무 맑고 거칠며 바다 밑에는 바위가 많아 생선과 소금 맛이 서해에 미치지 못한다.

함흥부는 감사가 다스리는 곳이다. 처음에는 도의 전 백성들이 학문을 알지 못했다. 그런데 성종 때 경헌공 이계손이 감사로 와서 준수한 소년을 뽑아 경서와 역사와 바른 행실을 가르쳤다. 이때부터 학문이 크게 일어나 과거에 합격한 자도 가끔 나왔는데, 백성들은 이를 두고 **파천황** 破天荒이라 했다. 경헌공이 죽자 고을 백성들이 사당을 세우고 제사를 지냈다.

함흥성은 군자강 가에 있고 강위에는 만세교가 있는데 다리 길이가 오 리나 된다. 성의 남문 위에 있는 낙민루는 온 고을 경치를 다 차지하며, 평양의 연광정과 첫째 둘째를 다툰다. 그러나 들판이 횅하게 멀리 바다와 접해 있고 풍경이 웅장하면서도 거칠어 평양의 수려하고 섬세한 아름다움에는 미치지 못한다.

이전에 아무도 하지 못한 일을 처음으로 해냄을 이르는 말이다. 중국 당나라 형주 땅에 과거 합격자가 없어 천지가 아직 열리지 않은 혼돈한 상태라는 뜻으로 '천황天荒'이라고 불렀다. 그후 유세라는 자가 처음으로 합격하여 천황을 깼다는 데서 유래한 말이다.

들판 가운데에는 우리 태조가 왕이 되기 전에 살던 옛집이 있다. 지금은 태조의 화상을 모셔 놓고 조정에서 직접 관원을 보내 지키며 때맞추어 제사를 지내 우리나라 풍패분유(한나라 고조는 패주 풍읍의 분유 땅 출신으로, 천자가 된 뒤 그곳 백성에게 세제를 면해 주었다. 그후 이 말은 제왕의 고향을 의미하게 되었다)의 고을로 삼았다.

태조 이성계와 그의 친구 박순

　태조 정축년(1397년)에 신덕왕후 강씨가 승하하자 공정대왕恭定大王(태종)은 하륜을 기용하여 군사를 일으켜 정도전의 난을 평정했다. 세자 방석은 세자의 지위를 내놓았으나 형 방번과 함께 목숨을 보전하지 못했다.

　이에 태조께서 크게 노하여 공정대왕恭靖大王(정종)에게 왕위를 물려준 뒤 가까운 신하를 거느리고 함흥으로 갔다. 그후 오래지 않아 정종은 다시 태종에게 왕위를 물려주었다. 태종은 태조에게 사신을 보내 돌아오시기를 청했으나, 태조는 사신이 오는 대로 모조리 베어 죽였다(심부름을 가서 오지 않는 것을 뜻하는 '함흥차사'라는 말은 여기에서 유래했다).

　이러기를 십 년이나 하자 걱정이 된 임금이 태조가 왕이 되기 전 한 동네 친구였던 박순을 사신으로 함흥에 보냈다. 박순은 새끼 딸린 암말을 구해 새끼는 궁문에서 바라보이는 곳에 매어 두고 어미 말만 타고 갔다. 궁문 밖에 이르자 말을 매어 놓은 뒤 태조를 뵈었다. 궁문은 그리 깊숙하지 않았다. 둘이 말하는 동안에 새끼는 어미 말을 바라보면서 울부짖었고, 어미 말 또한 날뛰면서 길게 울부짖어 그 소리가 아주 시끄러웠다. 이상하게 여긴 태조가 그 까닭을 묻자 박순이 아뢰었다.

　"신이 어미 말을 타고 오다가 새끼를 마을에다 매어 놓았더니, 새끼는 어

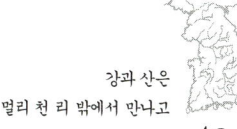

미를 생각해서 울부짖고 어미 말 또한 새끼를 사랑하여 저런 것입니다. 아무것도 모르는 동물도 이와 같은데, 지극하신 자애로써 어찌 주상의 심정을 생각하지 않으십니까?"

마음이 움직인 태조가 한참 있다가 돌아가기를 허락했다. 그러고는 이렇게 말했다.

"그대는 새벽닭이 울기 전에 이곳을 떠나 내일 오전 중으로 빨리 영흥 용흥강을 지나도록 하오. 그렇지 않으면 죽음을 면치 못할 것이오."

박순은 과연 그날 밤에 말을 달려 떠났다. 지난날 태조가 여러 차례 사자를 죽였으므로 태조를 모신 관원과 조정에서 온 신하 간에 격론이 벌어졌다. 이튿날 날이 밝자 여러 종관이 박순을 죽이기를 청했으나 태조는 허락하지 않았다. 그래도 여러 차례 고집하므로 태조는 박순이 이미 영흥을 지나갔으리라 짐작하고 그를 죽이라 허락하면서 이렇게 말했다.

"만약 용흥강을 지났거든 죽이지 말고 돌아오라."

사자가 말을 빨리 달려 강가에 도착하니 박순이 막 배에 오르고 있었다. 사자는 박순을 끌어내어 뱃전에서 베어 죽였다. 박순이 형을 받으면서 사자에게 이렇게 말했다.

"신은 비록 죽지만 성상께서는 식언하지 마시기 바랍니다."

이 소식을 들은 태조는 그의 뜻을 불쌍히 여겨 서울로 돌아가자고 명했다. 태종은 박순을 의롭다 여겨 그의 충성을 기려 표창하고, 그의 자손을 관직에 등용했다.

석왕사의 유래

영흥 남쪽 백여 리 지점인 철령 북쪽에 안변부가 있다. 고을 관아 서북쪽에는 석왕사가 있다. 태조가 등극하기 전, 세 개의 서까래를 등에 짊어지고 꽃이 날리고 거울이 깨지는 꿈을 꾸었다. 이에 태조가 승려 무학에게 묻자 무학이 말했다.

"등에 서까래를 세 개 진 것은 '임금 왕王 자'를 뜻합니다. 꽃이 떨어지면 마침내 열매가 열릴 것이고, 거울이 깨지니 어찌 소리가 나지 않겠습니까?"

태조가 크게 기뻐하여 훗날 임금이 된 뒤 절을 세워 이름을 **석왕사** 釋王寺라 했다. 이틀간 수륙도량(물과 땅의 잡귀를 공양하기 위해 여는 법회)을 크게 베푸니 오백 나한이 공중에 나타나는 감응이 있었다.

함경남도 안변 설봉산에 있는 절. 이성계가 세웠다고 하나 확실하지 않다. 그러나 이성계가 젊은 시절 석왕사 근처 귀주사에서 공부했고, 왕위에 오르기 전 왕업을 이루기 위해 이곳을 기도처로 삼고 응진전을 세운 것은 분명하다. 태종은 이곳에 소나무와 배나무를 심고 좋은 배를 임금에게 바치게 했다.

함경도와 강원도의 경계, 안변

안변 서북쪽 덕원 경계가 되는 바닷가에 원산촌이 있는데, 이곳 어민들은 모여 살며 고기잡이와 해초 캐는 것을 업으로 한다. 동북쪽 바닷길로는 육진과 통하므로 육진과 바다에 연한 여러 고을 장삿배들이 모두 여기에 머문다.

이곳에서는 여러 가지 생선, 소금, 해초, 포목, 다리, 담비, 인삼, 널 재목 등이 나온다. 그런 까닭에 강원도와 황해도, 평안도, 경성의 여러 장사치가 모여들어 물자가 풍부하고 도회지가 형성되었다. 백성들 중에서는 상업과 창고업으로 부유해진 자가 많다.

나라에서는 이곳에 창고를 설치하고 경상도 곡식을 바닷길로 운반하여 창고에 쌓아 두었다가 북쪽에 흉년이 들 때면 시기를 맞추어 배로 여러 고을에 보내 백성을 구휼하는 근거지로 삼았다.

안변 동남쪽에는 황룡산이 있는데, 산 위에 용추(폭포수 밑에 있는 깊은 웅덩이)가 있고 샘과 바위가 대단히 훌륭하다. 여기가 함경도와 강원도의 경계가 되는 곳으로, 산 남쪽은 흡곡현이다.

"서북 지방 사람은 크게 쓰지 말라"

태조가 장수로서 왕씨에게 왕위를 물려받았으므로 그를 도운 공신들 중에는 서북 지방 출신의 용맹스런 장수가 많았다. 그러나 나라를 세우고는 "서북 지방 사람은 크게 쓰지 말라"는 명을 내렸다. 이 때문에 평안도와 함경도에는 삼백 년 동안 높은 벼슬을 한 사람이 없었고, 설사 과거에 급제한 자라 해도 현령에 불과했다. 가끔 대간이나 시종의 후보 명단에 오른 자가 있으나 그 또한 드물었다. 오직 정평 사람 김이와 안변의 이지온 두 사람이 종2품 벼슬인 아경에 이르렀고, 철산 사람 정봉수와 경성 사람 전백록 두 사람은 무장으로 겨우 병사(병마절도사)를 지냈다.

　나라 풍습이 문벌을 중시하는 까닭에 서울 사대부는 서북 지방 사람과 혼인하거나 벗하지 않았다. 서북 사람 또한 감히 서울 사대부와 더불어 어울리지 못했다. 그리하여 서북 양도에는 사대부가 사라졌고, 서울 사대부도 그곳에 가서 사는 자가 없다. 오직 함종 어씨 · 청해 이씨 · 안변 조씨가 본관이 풍양으로서 조선 초기에 모두 높은 벼슬을 했고, 서울에 살면서 여러 대에 걸쳐 과거에 올랐다. 그 밖에는 두드러진 씨족이 없다. 그러므로 서북 지방의 함경도와 평안도 두 도는 살 만한 곳이 못 된다.

황
주

장
련

정방산

단군의 옛 도읍지

안
악

봉
산

은
율

쌀과 면화가
많이나는 곳

구월산

재령강

문
화

풍
천

신
천

금사사

재
령

해삼이
많이나는곳

송
화

용수산 구악산

신광사

복어와 오징어가
많이나는 곳

장산곳

장
연

오반산

해
주

수양산

옹
진

화산

연
안

대청도

강
령

【황해도】

구현

언진산

곡산

수안

대현산

서흥

신계

구봉산

토산

토산

우봉

화산

천마산

성거산

곡

천하에 일이 생기면 다투게 되는 곳, 황해도

황해도의 지세

황해도는 경기도와 평안도 사이에 위치한다. 백두산에서 남쪽으로 뻗은 큰 줄기가 함흥부 서북쪽에 이르러 끊어져 검문령이 되었고, 다시 남쪽으로 내려와 노인치가 되었다. 여기서 다시 두 갈래로 나누어져 하나는 남쪽으로 내려가 삼방치를 지나서 조금 끊어졌다가 다시 솟아 철령이 되었고, 다른 한 갈래는 서남쪽으로 뻗어서 곡산을 지나 학령이 되었다.

학령에서 또 세 갈래로 나누어져 한 갈래는 토산·금천을 따라 오관산과 송악산이 되었는데, 곧 고려의 옛 도읍터다. 다른 한 갈래는 신계를 지나 평산의 면악산이 되었는데, 황해도의 조종祖宗이 되는 산(그 지방의 여러 산줄기가 갈라 져 나온 큰 산을 의미한다)이다.

이는 다시 서쪽으로 뻗어 해주 창금산과 수양산이 되었고, 또 들판으로 내려가서 평평한 둔덕이 되었다가 서북쪽으로 돌아 신천의 추산이 되었다. 이 산맥이 다시 북쪽으로 돌아 문화의 구월산에서 그쳤는데, 이곳이 곧 단군의 도읍지다. 다른 한 갈래는 곡산과 수안을 지나면서 태산준령을 끊임없이 펼쳐 놓아 자비령과 절령이 된 뒤 서쪽으로 황주와 극성에서 그쳤다.

황주

황주는 절령 북쪽에 위치하여 평안도 중화부와 경계를 이룬다. 주에는 병마절도사의 병영을 설치하여 서쪽에서 오는 길을 지키게 했다. 황주에서 남으로 절령을 넘으면 봉산·서흥·평산·금천을 거쳐 개성에 이르는데, 이것이 남북으로 통하는 직로다.

이 길 동쪽에 있는 수안, 곡산, 신계, 토산 등의 고을은 모두 첩첩산중에 위치하여 지세가 험하고 백성들이 어리석으며 골 또한 깊어 도적들이 많이 출몰한다. 그 때문인지 예로부터 문학 하는 선비와 높은 벼슬을 한 자가 적다. 직로 주변의 여러 고을 또한 그러하다. 오직 평산과 금천에는 다른 지방에서 흘러 들어와 자리 잡은 선비들이 조금 있는 편이다.

금천은 강음과 우봉 두 현이 합쳐서 된 군이다. 예로부터 이곳에는 나쁜 기운이 있었는데, 근래에는 더욱 심하여 살기에 적당하지 않다. 평산에도 이런 기운이 있지만 서쪽에 면악산이 있고 면악산 동쪽 기슭에는 화천동이 있어 살 만하다. 골 안에 봉축을 높게 꾸민 무덤이 있는데, 청나라 사람의 조상 무덤이라는 말이 전해 온다. 그 아래로는 들판이 널따랗게 펼쳐져 있고, 토지 또한 기름져 부유한 마을이 많으며, 높은 벼슬을 한 사람도 나왔다.

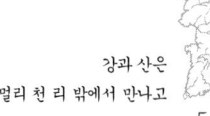

예전에는 자비령을 지나 북쪽으로 통했는데, 고려 말부터 자비령 길을 없애고 수목을 길러 막아 버린 뒤 절령 길을 만들어 남북으로 통하는 큰 관문을 만들었다.

그러나 절령 줄기는 십 리를 못 가 끊어져서 평평한 둔덕이 되고, 둔덕이 끝나면서 평야가 되었는데, 이것이 극성 들판이다. 고려 때 몽고군이 절령을 피해 극성을 통해 들어왔고, 인조 때 청나라 군사가 습격할 때도 극성을 경유해 들어왔다. 극성 평야는 동서로 너비가 십여 리이고, 서쪽으로는 남오리강 하류가 끝이다. 강은 조수로 인해 얼지 않는다.

만약 자비령부터 긴 성을 쌓아서 극성 강기슭까지 가로질러 잇는다면 남북 통로를 끊을 수 있을 것이며, 천연의 참호가 될 것이다. 이렇게 절령과 구월산을 동서로 마주보게 하면 하나의 큰 수구를 이루게 되고, 남오리강을 들 가운데로 가로지르게 하면 남에서 북으로 패강에 흐르게 할 수 있다.

강 동쪽은 황주·봉산·서흥·평산이고, 강 서쪽은 안악·문화·신천·재령이다. 이 여덟 고을은 모두 면악산과 수양산 북쪽에 있는데, 풍속이 서로 비슷하다. 땅도 아주 기름져 오곡과 면화 가꾸기에 알맞으며, 납과 쇠를 산출하는 산도 여러 곳에 분포되어 있다.

강 동쪽과 서쪽 언덕에는 모두 물을 끼고서 긴 둑을 쌓았으며, 둑 안쪽은 모두 벼를 심는 논이다. 이는 한눈에 바라볼 수 없을 정도로 아득하게 펼쳐져 있어 중국의 소호 지방과 같다. 이곳에서 생산하는 쌀은 낟알이 길고 차져서 다른 지방 쌀과 다르다. 내주(임금과 왕비의 음식을 마련하는 주방)에서 임금께 바치는 쌀은 이 지방 쌀뿐이다.

장산곶과 금사사

수양산과 추산에서 구월산에 이르는 지세는 비록 높아졌다 낮아졌다 하지만 큰 줄기 산맥으로 되어 있다. 줄기 너머 남쪽에 접한 고을이 해주다. 해주 오른쪽은 강령과 옹진, 서쪽은 장연부다. 장연부 북쪽은 송화·은율·풍천인데, 장련에서 맥이 그쳐 평안도 삼화부와 작은 바다를 사이에 두고 있다.

추산에서 뻗은 한 줄기는 장연을 돌아 남서쪽으로 달리다가 장산곶에서 멈추는데, 산봉우리가 높이 둘러싸여 있고 골짜기가 깊다. 이곳은 고려 때부터 호남의 변산과 호서의 안면도와 함께 소나무를 가꾼 곳으로, 여기의 소나무는 궁궐을 짓거나 배를 건조하는 재목으로 쓰인다.

장산곶 북쪽에 금사사가 있고, 바닷가가 모두 모래밭이다. 모래가 아주 곱고 금빛이어서 햇빛에 비치면 이십 리 너머까지 반짝인다. 바람이 불 때마다 이리저리 쌓여서 산봉우리를 이루다가 없어지기도 하고, 아침저녁으로 모래 언덕의 위치가 바뀌어 혹 동쪽에 우뚝했다가 서쪽에 우뚝하고 갑자기 좌우로 움직여서 일정한 방향이 없다. 그러나 모래 위 금사사의 탑묘는 웅장하고도 화려하며 바람 속에서도 모래에 묻히지 않으니, 참으로 괴이한 일이다. 어떤 사람은 해룡의 조화라고 말한다.

모래 속에서는 해삼이 나는데, 모양이 방풍(산형과에 속하는 초목으로, 입과 잎줄기는 식용으로 쓰고 뿌리는 약용으로 쓴다)과 같다. 해마다 4, 5월이면 청나라 등주와 내주에서 배를 타고 이를 따러 오는 자가 많다. 관가에서 장수와 관리를 보내 쫓으면 이들은 바다에 나가 닻을 내리고 있다가 사람이 없는 틈을 타 다시 언덕

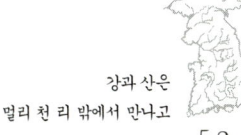

에 올라 해삼을 따 간다.

　장산곶 앞바다에서는 복어와 흑충도 잡힌다. 흑충은 뼈가 없고 다만 한 덩어리 검은 살코기가 오이 같으며, 전신에 살가시가 있다. 중국 사람들은 옷감을 검게 염색하는 데 이것을 이용한다. 복어는 《한서》에 왕망(중국 전한 말의 정치가로, 한 애제를 쫓아내고 평제를 세웠다가 독살한 뒤 스스로 신新나라를 세웠으나 훗날 후한을 세운 광무제에게 멸망당했다)이 먹었다고 기록되어 있는 것으로, 청나라 등주와 내주 지방에도 있지만 우리나라에서 잡히는 것에 미치지 못한다. 이 때문에 해삼을 따는 시기가 되면 복어도 함께 잡는데, 그 이익이 큰 까닭에 등주와 내주의 배가 해가 지날수록 더욱 많이 찾아와 어민들에게 해를 끼친다.

　여덟 고을이 바다를 끼고 있어서 백성들에게 이롭기는 하나 땅이 메마르다. 오직 풍천과 은율 땅만이 아주 기름져서 산을 갈아 논 한 마지기를 만들면 종자 한 말에 수백 말을 수확하며, 적어도 백 말 아래로는 내려가지 않는다. 밭 소출 또한 이와 같은데, 이는 삼남 지방에서도 드문 일이다.

　장연 이북은 남쪽으로는 장산곶으로 막혀 있고 오직 북쪽으로 평안도와 통할 뿐이다. 그러므로 곡식과 면화가 아주 흔해 농사꾼이나 지체 낮은 집안도 모두 부유함을 자랑하며 선비라 자칭한다.

대청도와 소청도

　장연 남쪽 넓은 바다 가운데는 대청도와 소청도 두 섬이 있는데, 둘레가

상당히 넓다. 원나라 문종이
순제를 대청도로 귀양 보
낸 적이 있었다. 순제는
집을 짓고 살면서 순
금 불상 하나를 봉안
하고 매일 해가 돋을
때마다 고국에 돌아가
게 되기를 기도했는데,
얼마 뒤 돌아가서 등극했다.

황해도 벽성군 북숭산에 있던 절
로, 정확한 창건 연대는 모른다. 다만 《삼국유
사》에 고려 태조 2년(923년)에 중국에서 오백 나한
상을 가져와 이 절에 모셨다고 한 것으로 보아 그 이전부
터 있었던 것으로 추정된다. 이 절은 1334년 원나라 순제가
중건함으로써 대사찰로서의 면모를 갖추었다.
이 절은 일찍이 화재가 난 적이 없다고 한다. 그런데 어떤 나그네
가 절에 들러 누의 남쪽을 바라보며 말하기를, "처음 절을 지을 때
남산에 석옹을 묻어 물을 저장함으로써 화재를 막았다. 이제 그
석옹이 기울어져 물이 새고 있으니 몇 년 안 가서 절에 불이
날 것이다"라고 했다. 과연 1677년 4월 5일 큰 불이 났
다. 다음 해 보광전 등을 중건하고 1705년 나한
전을 세웠으나 그 뒤의 역사는 전하지
않는다.

그후 장인 백여 명을 보내 중관中官
의 감독 아래 해주 수양산에 큰 절을 지었는데, 이것이 (신광사)다. 지음새가
대단히 화려하여 우리나라에서 첫째가는 절이었으나 중간에 화재를 당했다.
다시 지었지만 옛날 화려함에는 미치지 못한다.

지금은 섬에 사람이 살지 않고 수목이 우거져 하늘을 가린다. 순제가 심었
던 뽕나무와 옻나무, 쑥, 꼭두서니 따위는 덤불 속에 멋대로 자라다가 저절로
말라 버리지만, 옛 궁실의 섬돌과 주춧돌 자리는 완연하게 남아 있다.

해주와 이율곡

해주는 감사가 다스리는 곳으로, 수양산 남쪽에 있다. 바닷물이 두 산 사

이로 흘러들어와 바로 앞산 밖을 돌면서 큰 호수를 이루니, 이곳 사람들은 작은 동정호(중국 호남성에 있는 호수로, 홍수가 나면 면적이 오천 평방리나 된다)라 부른다. 결성은 그 경치를 다 끌어안고 있어서 제법 유람할 만한 풍치가 있다.

옛날 율곡 이이가 이곳 감사로 왔다가 수양산 아래 **석담천석**을 발견했다. 그는 벼슬에서 물러난 뒤 이곳에 집을 짓고 학문을 강론했는데, 서울과 지방에서 선비가 많이 따랐다. 율곡이 죽자 그곳에 사당을 지어 제사를 지냈고, 문인과 자손들도 대를 이어 그곳에 살면서 그의 가르침에 따랐으니, 문장과 예의, 과거 합격자 수가 황해도 전체에서 으뜸이었다. 그후 학풍이

해주 벽성군에 있는 명승지로, 석담구곡이라고도 한다. 석담은 선적봉과 지남산의 깊숙한 계곡이다. 은병정사를 중심으로 한 상하 석담천의 아홉 구비의 풍광이 뛰어나 1575년 이이가 '구곡'이라는 이름을 붙이고 〈고산구곡가〉를 지었다. 이이는 석벽이 병풍처럼 서 있는 제5곡에 은거할 것을 결심하고 은병정사를 지었다.

점차 쇠퇴해지자 고을 사람들이 학궁(성균관이나 지방의 향교)을 빌려 패를 갈라 서로 공격하기를 원수같이 하니, 세상 사람들이 고약한 고을로 여기게 되었다.

면악산 한 가닥이 동쪽으로 거슬러 올라가 연안과 백천이 되었는데, 해주의 동쪽이자 후서강(장강)의 서쪽, 보련강 하류의 북쪽이다. 큰 산과 넓은 강, 넓은 들과 긴 냇물이 모였고 조수가 통해 넓게 트이고 밝은 것이 중국 장강과 회수의 풍경과 같다.

황해도에서는 이곳이 가장 살 만한 곳으로, 한양에서 내려와 머무는 선비

도 많다. 다만 땅이 메마르고 가뭄이 잦아 면화 가꾸기에는 적당하지 않다. 백성들은 배를 타고 강과 바다를 건너 장사하기를 좋아한다. 동쪽으로는 두 도와 통하고 남쪽으로는 호남, 호서 지방과 연결되어 각종 산물을 사고팔아 항상 큰 이익을 얻는다.

전략적 요충지, 황해도

황해도는 나라의 서북쪽에 위치하며, 평안도·함경도와 이웃한다. 활쏘기나 말타기를 즐기는 반면, 학문하는 선비는 적다. 산과 바다 사이에 끼어 있어 납, 철, 면화, 벼, 기장, 생선, 소금에서 이익을 얻어 부유한 자가 많은 편이나 사대부 집안은 적다. 그러나 들 가운데의 여덟 개 고을은 땅이 기름지고, 바닷가의 열 개 고을은 경치로 이름난 곳이 많으니, 역시 살지 못할 곳은 아니다.

지세를 보면 서해로 뻗쳐 들어가서 삼면이 바다와 접해 있고, 동쪽 한 면만 남북으로 통하는 큰길에 닿아 있다. 북쪽으로는 험한 고개가 있고 남쪽으로는 여러 강으로 막혀 있어 앞뒤가 산과 하수이며, 높고 험한 성곽이 많다. 또한 넓은 들과 기름진 벌판이 있으니, 참으로 경치 좋고 물산도 풍요하여 전략적으로 이용할 만한 곳이다. 세상에 변란이 생기면 반드시 서로 다투게 될 요충지니, 이 점이 단점이다.

【 강원도 】

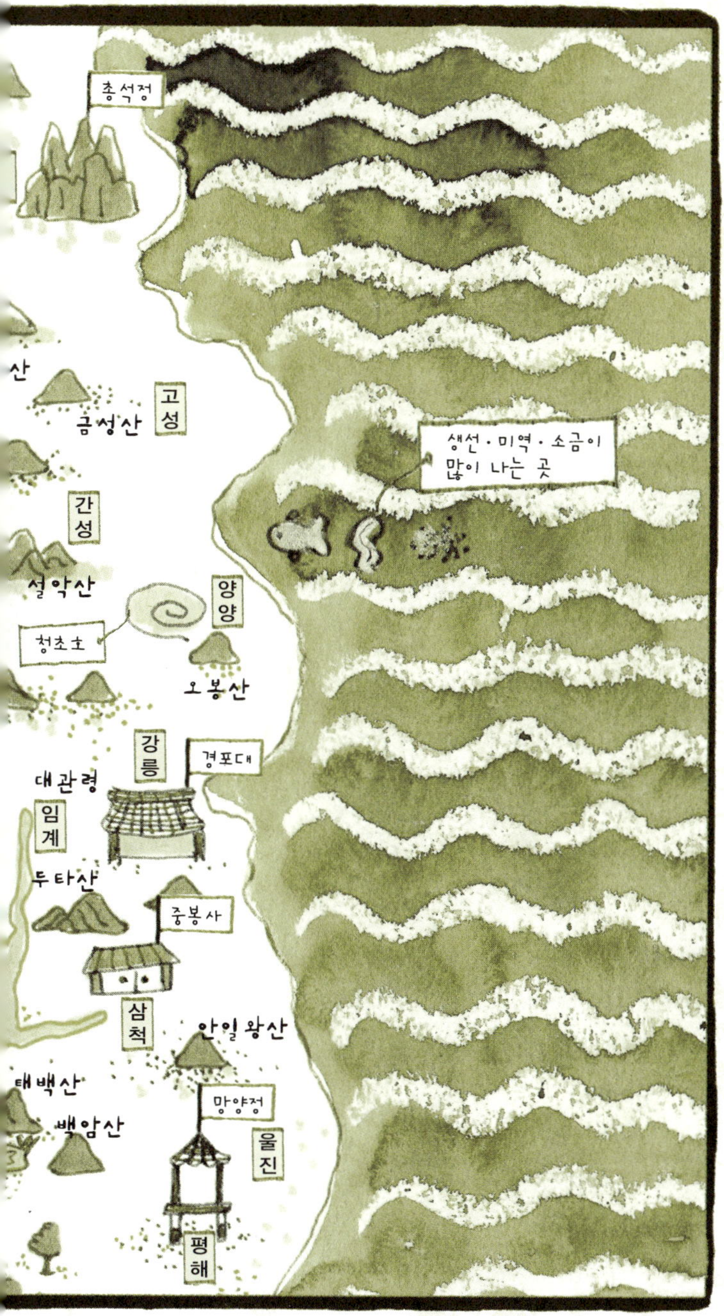

총석정

산

금성산

고성

간성

설악산

양양

청초호

오봉산

생선·미역·소금이
많이 나는 곳

대관령

강릉

경포대

임계

두타산

중봉사

삼척

안일왕산

태백산

백암산

망양정

울진

평해

등마루 산줄기가 하늘에 닿은 곳, 강원도

산과 바다의 고을

강원도는 함경도와 경상도 사이에 있다. 서북쪽은 황해도의 곡산·토산 현과 이웃하고, 서남쪽은 경기·충청 두 도와 닿아 있다. 철령에서 태백산까지는 산줄기가 뻗어 있는데, 하늘 속 구름에 닿은 듯하다.

이 고개 동쪽에는 아홉 개의 군이 있으니, 북쪽으로 함경도 안변과 이웃한 흡곡, 통천·고성·간성·양양, 옛날 예맥의 도읍인 강릉, 삼척·울진, 남쪽으로 경상도 영해부와 접경한 평해가 그것이다. 동해안에 위치한 이 아홉 고을은 남북으로 천 리에 이르지만, 동서간 거리는 함경도와 같이 백 리도 못된다. 서북쪽은 산줄기로 막혔고, 동남쪽은 멀리 바다와 통한다. 큰 산 밑이어서 지세는 비좁으나 산은 나지막하고 들은 평탄하여 아름답다.

동해에는 조수가 없기 때문에 바닷물이 흐리지 않아 벽해라고 부른다. 또한 항구나 섬이 앞을 가리지 않아 큰 연못가에 임한 듯 넓고 아득한 기상이 자못 빼어나다. 또한 이 지역에는 이름난 호수와 기이한 바위가 많고, 높이 올라가 보면 푸른 바다가 망망하며, 골짜기에 들어서면 물과 돌이 그윽하여, 그 경치가 실로 전국에서 으뜸이다.

누대와 정자 등 훌륭한 경치가 많아 흡곡의 시중대, 통천의 총석정, 고성의 삼일포, 간성의 청간정, 양양의 청초호, 강릉의 경포대, 삼척의 죽서루, 울진의 망양정을 관동팔경이라 부른다. 아홉 고을의 서쪽에는 금강·설악·오대·두타·태백 등 여러 산이 있는데, 산과 바다 사이에 기이하고 훌륭한 경치가 많다. 골짜기가 그윽하고 깊고 물과 돌 또한 맑고 깨끗하여 간혹 신선들과 관련한 놀라운 이야기가 전해 온다.

이 지방 사람들은 노는 것을 좋아하여 노인들은 기생, 악공, 술, 고기를 가지고 산이나 물가를 찾아 마음껏 놀고 이를 생활의 큰일로 여긴다. 자녀들도 이에 물들어 학문에 몰두하는 이가 적다. 게다가 이곳은 두 서울에서도 멀리 떨어져 있어 예로부터 이름을 날린 자가 적다. 오직 강릉에서만 과거에 급제한 자가 제법 나왔다.

또한 땅이 대단히 메말라 논에 종자 한 말을 심어야 십여 말을 겨우 거둘 정도다. 오직 고성과 통천만 논도 많고 땅도 그리 메마르지 않다. 그 다음은 삼척을 꼽을 만한데, 논에 종자 한 말을 심으면 마흔 말을 거둔다. 그러나 이 세 고을 모두 인물을 내지는 못했다.

대체로 이 아홉 고을은 모두 해안에 접해 있기 때문에 백성들은 고기를 잡고 미역을 따며 소금 굽는 것을 생업으로 한다. 그래서 땅이 비록 메마르나 부자가 많다. 그러나 서쪽으로 태백산맥이 높이 솟아 있어 이역과도 같아서 잠깐 놀러가기에는 적당하나 오래 살 곳은 못 된다.

한강의 발원지, 오대산

강릉 서쪽은 대관령이고, 고
개 북쪽은 오대산이다. 여기서
우통수가 나오며 이는 한강의
근원이 된다.

대관령 남쪽으로 쌍계와 백봉
두 고개를 지나면 두타산이 있다.
산 위에는 옛사람이 쌓은 돌성이 있고,
산 아래에는 중봉사가 있다. 절 북쪽은 강릉 임계역인데, 고려 때 **이승휴**가
이곳에 숨어 살았으며, 최근에는 찰방(도의 역참 일을 맡아보던 관리) 이자가 벼슬도
하지 않고 그 가운데 집을 짓고 살았다.

산중에는 들이 조금 펼쳐져 있고 논이 있으며, 계곡에 펼쳐진 암석은 경치
가 일품이다. 농사짓기와 고기잡이에도 적당하니, 이곳이야말로
신선이 사는 곳이다.

이 시냇물은 영월 상
동을 지나 고을 앞의 임
계역 서쪽 기슭으로 들
어간다. 남쪽은 정선의
여량촌으로, 우통수가 북에
서 흘러와 마을을 돌아 남으

오대산 서쪽 기슭 해발 1200미터에
위치한다. 1400년 전 신라 신문왕의 두 태
자가 이곳에서 수도
생활을 하다 왕위에
오르는 등 오래 전부
터 왕족과 문인들이
자주 찾던 명승지
다.

이승휴 자가 휴휴이고, 호가 동안거사다.
1252년 문과에 급제했으나 홀어머니
가 있는 삼척으로 갔다가 길이 막혀
두타산에서 농사를 지으며 살았다. 충
렬왕 6년(1280년)에 왕의 실정과 측근
들의 전횡을 들어 열 개 조로 간언했다
가 파직되어 다시 두타산으로 돌아가
은거하면서 《제왕운기》를 지었다. 이 책은 중국
과 우리나라 역사를 칠언시와 오언시로 엮
은 것이다.

로 흘러간다. 양쪽 기슭이 제법 넓고 연안에 큰 소나무와 흰 모래가 맑은 물결을 가리고 비치니, 참으로 은자가 살 만한 곳이다. 논이 없는 것이 유감이지만 마을 사람들은 모두 넉넉히 자급자족하며 생활한다.

이 시냇물은 영월읍의 동쪽에 이르러 상동천과 만나고, 또 조금 서쪽으로 가서 주천강과 만난다. 두 강 사이에는 단종을 모신 장릉이 있다. 숙종이 병자년(1696년)에 단종의 왕위를 추존하고 능호를 고쳤다. 그 전에 사육신 묘를 곁에 지었는데, 대단히 장한 일이다.

춘천과 원주

북쪽 회양에서 남쪽 정선에 이르는 지역은 모두 험한 산과 깊은 골짜기이며, 강은 모두 서쪽으로 흘러 한강으로 들어간다. 이곳에서는 화전을 많이 경작하고 논은 대단히 적다. 기후가 차고 땅은 메마르며 백성들은 어리석어 산골에 경치가 뛰어난 시냇가와 산이 있다 해도 잠시 병란을 피할 만한 곳이지 오래 대를 이어가며 살 곳은 아니다.

다만 춘천과 원주는 다소 낫다. 춘천은 인제의 서쪽에 위치하며, 한양과는 물길로든 육로로든 모두 이백 리 거리다. 춘천 북쪽에는 청평산이 있는데, 산속에 절이 있고 절 곁에는 고려 때 처사 이자현(고려 때의 학자로 호가 식암이다. 과거에 급제했으나 관직을 버리고 청평산에 들어가 일생을 수도 생활에 전념했다)이 살던 곡란암 옛터가 있다. 이자현은 왕비의 친척이었으나 결혼도 벼슬도 하지 않고 이곳에 은

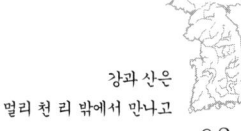

거하여 도를 닦았다. 그가 죽자 절의 중이 부도를 세워 유골을 간직했는데, 지금도 산 남쪽 십여 리 되는 곳에 남아 있다.

소양강에 임해 있는 춘천은 예맥국의 천 년 도읍지다. 그 외곽에는 우두라는 큰 마을이 있는데, 한 무제가 팽오를 시켜 우수주와 통했다는 곳이 곧 이곳이다. 산속에는 평야가 넓게 펼쳐져 있고, 두 강이 그 가운데를 흘러간다. 기후와 바람이 고요하고, 강산이 맑고 넓으며, 땅이 비옥하여, 사대부들이 대를 이어 많이 살고 있다.

영월 서쪽에 있는 원주는 감사가 다스리는 곳으로, 서쪽으로 한양과 이백오십 리 거리에 있다. 동쪽은 고개와 산골짜기에 닿아 있고 서쪽은 지평현(현재의 양평군)에 인접해 있는데, 산골짜기 사이에 고원이 펼쳐져 있어 맑고 빼어나며 그리 험준하지 않다. 영동과 경기 사이에 끼어서 동해의 생선, 소금, 인삼, 널과 궁전의 재목이 모여드는 가운데 도내의 큰 마을이 되었다. 골짜기와 가까워 난리가 나도 숨어 피하기 쉽고, 서울과 가까워 세상이 평안하면 나아가기 쉬워 한양의 사대부들이 이곳에 와 살기를 좋아한다.

이방원의 스승, 원천석

원주 동쪽에 있는 적악은 고려 말에 운곡 원천석이 은거하며 제자들을 가르치던 곳이다. 태종이 총각 시절 이곳에 와서 배웠는데, 학문을 다하고 돌아가 18세 때 과거에 급제했다. 태조가 위화도에서 회군하고 시대가 바뀔 조짐이 보이자 원천석이 글을 써서 간했다. 그후 태종이 왕위에 오르자 적악에 행차하여 운곡을 찾았다. 운곡은 태종을 피하여 나타나지 않았고, 옛날부터 밥 짓던 늙은 할멈만 남겨 두었다. 대왕이 선생이 간 곳을 물으니 할멈이 대답했다.

"태백산에 친구를 찾으러 갔습니다."

대왕은 할멈에게 후한 선물을 내리고는 관원을 머물게 한 뒤, 운곡의 아들을 기천현감에 제수한다는 명을 내리고 떠났다. 그러자 사람들이 이렇게 말했다.

"운곡의 자부심은 엄릉(중국 후한 때 사람으로 젊은 시절 광무제와 함께 공부했지만 광무제가 즉위하자 그의 부름을 마다했다)보다도 더 높아서 환영(중국 후한 때 사람으로 광무제가 그를 부르자 "내가 공부한 덕이다"라고 했다)과 같이 시류에 급급한 자와는 비교할 수가 없다."

북쪽에 위치한 횡성현은 산골짜기 가운데 펼쳐져 있어 밝고 넓으며, 물이 푸르고 산이 평탄하다. 형언하기 어려운 기운이 새삼스러워 지역 내에는 대대로 살아오는 사대부들이 많다.

동북쪽으로 오대산 서쪽 물이 흘러들어 서남쪽으로 원주에 이르러 섬강이 되고, 또 흥원창(강원도 영서와 영동 지역의 세곡을 거둬 보관하던 곳으로, 일정한 때가 되면 남한강을 통해 서울로 운송했다)으로 들어가 남쪽의 충주강 하류와 만난다. 마을은 두 강 사이에 있는데, 두 강은 **청룡과 백호**가 되

풍수지리에서 청룡은 주산에서 왼쪽으로 갈라진 산맥을 이르고, 백호는 오른쪽으로 갈라진 산맥을 이른다. 보통 청룡은 동서남북의 사방위 중 동쪽을 지키는 수호신으로, 백호는 서쪽을 지키는 수호신으로 통한다.

고 마을 앞에서 모여 깊은 못이 되었다. 오대산 서쪽 적악산 줄기가 이곳에서 완전히 끊어지고 강 너머 산이 좌우에서 문을 잠근 것처럼 가려져 땅이 주는 이익이 매우 크다. 이곳은 강원도에서 서울로 향하는 모든 물자가 모이는 곳으로, 많은 사대부들이 대를 이어 살고 있고, 또 배로 장사하여 부자가 된 자가 많다.

광해군 때 백사 이항복의 처지가 위태로워졌다. 그는 정충신에게 벼슬에서 물러나 지낼 만한 곳을 찾아봐 달라고 부탁했다. 정충신이 전국을 돌아다니다가 이곳을 보고 지형을 그려 바치니, 백사가 이곳에 집을 짓고자 했다. 그러나 백사가 북청으로 귀양 가게 되어 실행하지는 못했다. 내가 일찍이 이곳을 지나다가 백사의 일을 생각하며 시 한 수를 지었다.

강산을 굽어보고 올려 보아도 옛날과 다름없으니
영웅의 눈썰미가 아직도 의연하구나.
서쪽 바람에 왕손의 그림을 더럽힐까 두려워
위쪽 끝가에 집안을 옮기려 했네.

그러나 땅의 형세가 두 강가에 바짝 붙어 논이 없으니, 농사짓는 데는 불리하다. 마을 동남쪽으로 산기슭을 넘으면 덕은촌(지금의 중원군 소태면)이 있는데, 동쪽은 충주 청룡리와 접해 있다. 산골짜기 사이에는 논도 많고 샘과 돌이 그윽하고 맑아 은거지가 될 만하다.

태봉의 도읍지, 철원

철령과 금강산 물은 남쪽으로 흘러 춘천 모진강이 되고, 용진에 이르러 한강으로 들어간다. 춘천에서 강을 건너 서쪽으로 가면 양구·김화·금성·철원·평강·안협·이천 일곱 고을이 있는데, 모두 경기도의 북쪽과 황해도 동쪽에 해당한다. 그중에서도 철원부는 태봉 왕 궁예가 도읍했던 곳이다.

궁예는 신라의 왕자로서, 젊어서는 무뢰한이었다. 나이가 들어서는 죽산과 안성 사이에서 도적이 되었다가 고구려와 예맥의 땅을 점령하여 왕을 자칭했다. 그러나 성품이 잔인하여 부하에게 쫓겨났으며, 결국 태조 왕건이 신하들에 의해 왕으로 추대되었다. 이로써 고려가 궁예를 제거했다.

철원부는 비록 강원도에 속하지만 들판에 세워진 고을로, 서쪽으로는 경기도 장단과 맞닿았다. 땅은 비록 척박하나 너른 들과 작은 산이 모두 낮고 빛나며 밝고 경쾌하다. 두 강 안쪽에 있으면서 두메 속에 한 도회지를 이루었다. 그러나 들 가운데는 물이 깊고 검은 돌이 마치 벌레 먹은 것과 같으니, 참으로 이상한 일이다.

산천의 변화

한양 동쪽에서 용진을 건너 양근·지평을 지나 갈현을 넘으면 강원도와 경계가 되고, 또 동쪽으로 하루쯤 가면 강릉부의 서쪽 경계인 운교역에 이른다. 옛날 나의 선친께서 계미년(1704년)에 강릉 수령이 되어 부임하셨는데, 그때 내 나이 열네 살이었다. 가마를 따라가다 보니 운교에서 강릉부 서쪽 대관령에 이르는 길옆은 평지건 고개건 온통 수목으로 덮여 있어 나흘 동안 길을 가면서 해를 보지 못했다.

그러던 것이 수십 년 전부터 산과 들을 모두 개간하여 농지와 마을이 생겨나 산에는 작은 나무 한 그루도 사라지게 되었다. 이로 미루어 보아 다른 고을도 마찬가지일 것이다. 태평성대에 백성이 점점 많아짐을 알 수 있기는 하나 산천 역시 꽤나 지칠 것이다.

예전에 인삼이 나는 곳은 모두 영서에 있는 깊은 산속이었는데, 산 사람들이 화전을 일구느라 불을 질러서 인삼의 산출은 점점 줄어들었다. 매번 장마 때면 홍수가 나고 산이 무너져 흙이 한강으로 흘러드니, 한강이 점차 얕아지고 있다.

꾸밈이 없고 질박한 땅, 경상도

낙동강 이야기

경상도는 지리가 가장 좋다. 강원도 남쪽에 자리하고 있으며, 서쪽으로는 충청도·전라도와 경계를 이룬다. 북쪽으로는 태백산이 자리하고 있는데, 풍수가는 하늘로 치솟은 수성水星(산봉우리 모양이 굽은 것을 가리킨다)의 형국이라고 말한다.

태백산 왼편에서 뻗어 나온 큰 줄기는 동해에 닿아 내려오다가 동래 바닷가에서 그쳤다. 또 오른쪽에서 뻗어 나온 큰 줄기는 소백산, 작성산, 주흘산, 희양산, 청화산, 속리산, 황악산, 덕유산, 지리산 등이 되었다가 남해에서 그쳤다. 이 두 줄기 사이에 기름진 들판이 천 리나 된다.

황지는 천연의 연못으로, 태백산 주봉 아래에서 산을 뚫고 흘러나와 북쪽에서 남쪽으로 흘러 예안에 이르고, 동쪽으로 굽어졌다가 다시 서쪽으로 흘러 안동의 남쪽을 돌아 흐른다. 다시 용궁과 함창의 경계에 이르러 비로소 남쪽으로 굽어 흐르며 낙동강이 된다.

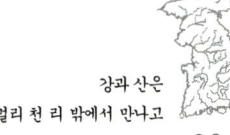

강과 산은
멀리 천 리 밖에서 만나고

이화령

주흘산 죽령

희양산

문경
문경 새재

소백산

속리산

함
창

용궁

영
주

구봉산

상 비봉산
주

서애 류성룡의

황악산 추풍령

김
산

감문산

선
산

비
안

지
례

개
령

인
동

여천 장형광의
위패를 모신 동락서원

군
위

거
창

성
주

팔

동계 정온의 고향

고
령

칠
곡

안
음

가야

옛 가야국 도읍

대
구

백암산

합
천

초
계

현
풍

팔량현 함
양

삼
가

남명 조식의 고향

덕산

청
도

의
령

창
녕

지리산

충렬사

하
동

진주

남강

함
안

일두 정여창의 고향

사
천

고
성

진
해

거
제

남
해

【경상도】

태백산
봉화
황지
퇴계 이황
진보
영해
예안
용두산
임하
청송
주아산
영덕
보현산
신녕
청하
모자산
흥해
영천
신라의 도읍
하양
영일
경주
경산
병영
영양
토함산
재악산
울산
양산
수영
왜관
김해
신어산
동래
기장
대마도

'낙동洛東'이란 상주의 동쪽이란 뜻이다. 강은 김해로 흘러들어 가면서 경상도 땅 한가운데를 가로지른다. 그리하여 강의 동쪽을 좌도라 하고, 서쪽을 우도라 한다. 두 지류가 김해에서 크게 합류하는데, 일흔 개 고을의 물이 한수구로 빠져나감으로써 큰 형국을 만들었다.

신라 이야기

상고 시대에는 경상도 안에 백 리 되는 작은 나라가 대단히 많았는데, 신라가 이들을 모두 통일했다. 신라는 천 년 동안이나 이어졌고 경주에 도읍을 정했으니, 이른바 계림군자국鷄林君子國이라 부르던 고장이다. 지금은 동경이라 부르며 부윤을 두어 다스린다.

고을 관아는 태백산 왼쪽 줄기 가운데에 있는데, 풍수사들은 이곳을 회룡고조回龍顧祖(용이 돌아서서 조상을 돌아본다는 뜻으로, 주산에서 갈라져 나온 산줄기가 휘돌아서 주산과 서로 마주 대하는 산세를 일컫는다)의 지형이라고 한다. 서북쪽으로 터가 펼쳐지고 터 안의 물은 동으로 흘러 큰 강을 이루며 바다로 들어간다. 이곳에는 신라시대의 반월성, 포석정, 괘릉의 옛터가 있다.

신라는 영남의 여러 나라를 모두 병합했고, 후에는 고구려와 백제가 쇠망한 틈을 타 삼국을 통일했다. 그러나 말엽에 여왕이 왕위에 오르자 명령이 행해지지 않았고, 불교 숭배가 지나쳐 사찰이 나라 골짜기를 모두 차지했으며, 온 백성들도 모두 승려가 되고자 했다. 그러자 궁예가 옛 고구려 땅에서 할거하고, 견훤도 옛 백제 땅에서 봉기했다. 그후 고려 태조가 나서서 후고구려와 후백제를 통일하자 신라 또한 땅을 바치고 고려에 귀속했다.

인재의 창고, 경상도

신라시대에 북쪽은 큰 사막과 거란 때문에 길이 막혀 오직 바닷길로 당나라에 조회했다. 오가는 관원의 행차가 길에 연이었고, 명성과 문물이 중국을 본받아 문화가 볼 만했다.

고려에서 지금까지 또 거의 천 년인데, 예로부터 수천 년 동안 장수와 재상, 공公과 경卿, 문장과 덕행으로 이름난 선비, 공훈과 의를 세운 인사, 선도 · 불도 · 도가에 통한 사람들이 경상도에서 많이 나왔다. 그러므로 경상도를 인재의 창고라 한다. 특히 조선조에 들어와서는 선조 이전에 국정을 담당한 자가 모두 경상도 사람이고, 문묘에 종사한 사현(네 현인을 일컫는 것이니, 곧 이황 · 이언적 · 정구 · 정여창을 가리킨다) 또한 경상도 사람이다.

그러나 인조가 율곡 이이, 우계 성혼, 백사 이항복의 문생 자제들과 같이 어지러운 정국을 바로잡은 뒤로는 서울의 가문에 치우쳐 중용했다. 최근 백여 년 동안 영남 사람으로서 판서가 된 자는 두 명, 아경이 된 자는 네다섯 명이며, 재상이 된 자는 없고, 관직이 높다 해도 삼품三品에 불과하며, 하위직인 경우에는 고을의 수령에 불과하다. 그러나 옛날 선인들이 남겨 놓은 풍속과 혜택이 지금까지도 사라지지 않은 까닭에 예의와 문물을 숭상하고 과거 합격

자도 여러 도 가운데 으뜸이다.

좌도는 땅이 메마르고 백성이 빈곤하여 비록 검소하고 군색하게 살지만 문학 하는 선비가 많고, 우도는 땅이 비옥하고 백성들이 넉넉하여 호사를 즐기지만 게을러 문학에 힘쓰지 않으므로 이름을 알린 선비가 적다. 이는 대체로 그 윤곽만을 비교한 것이고, 구체적으로 보면 땅의 기름지고 메마름이 좌도와 우도에 고루 섞여 있고, 인재 또한 여러 곳에서 고루 배출되었다.

명현들의 고장, 안동

예안 · 안동 · 순흥 · 영천 · 예천 등의 고을은 태백산과 소백산 남쪽에 자리하고 있는데, 이곳은 신이 내린 길지다. 태백산 밑은 산이 평평하고 들이 넓어 밝고 수려하며, 모래가 희고 흙이 단단하여 그 기색이 한양과 흡사하다.

예안은 퇴계 이황의 고향이며, 안동은 서애 류성룡의 고향이다. 고을 백성들은 두 분의 사당을 짓고 제사를 모시고 있다. 그러므로 서로 가까운 위 다섯 고을에는 사대부가 가장 많은데, 모두 퇴계와 서애의 문하생 자손들이다. 그들은 의리를 내세우고 도학을 중히 여겨 아무리 외딴 마을이라 하더라도 글 읽는 소리가 끊이지 않으며, 낡은 옷과 항아리 창(밑 빠진 항아리를 벽에 끼우고 흙벽을 쌓은 뒤 주둥이에 종이를 발라서 만든 창)으로 꾸민 집에 살아도 도덕과 성명性命(천성과 인명)을 내세운다. 그러나 근래에 와서는 이러한 기풍도 점차 사라져 삼가고 자중하기는 해도 거리낌이 있고 마음이 악착같으며 실질보다는 말다툼을 좋아하니, 옛 풍습과는 비교할 수 없다. 우도의 마을은 이보다도 못하다.

안동부 관아는 화산 남쪽에 자리하고 있다. 황수가 동북쪽에서 흘러오고 청송의 냇물이 임하를 거쳐 온다. 이 두 줄기 물이 동남쪽에서 합쳐져 성을 돌아 서남쪽으로 흘러간다. 남쪽에는 영호루가 있는데, 고려 공민왕이 남쪽으로 거둥했을 때 연회를 베풀었던 곳이다. 누의 편액 또한 공민왕이 남긴 것이다.

영호루 북쪽에는 신라시대에 지은 절이 있다. 지금은 퇴락하여 스님도 없지만 정전만은 들판 가운데 우뚝 선 채 조금도 기울어지지 않아 사람들은 노나라의 영광전(한나라 경제가 아들인 공왕을 노나라 왕으로 봉했는데, 공왕이 영광전을 지었다. 그후 한나라가 쇠하자 도둑들이 웅장했던 궁궐을 다 허물었는데, 오직 영광전만 홀로 우뚝했다)에 견준다.

서쪽에는 서악사가 있고 그곳에 관왕묘(중국 삼국시대 촉한의 장수 관우를 모신 사당)의 석상이 있는데, 임진년(1592년) 당시 왜적을 토벌하러 온 명나라 장수가 세운 것이다. 동남쪽에 있는 귀래정은 옛날 유수를 지낸 이굉이 세운 것이고, 동쪽에 있는 임청각은 이씨 집안이 대를 이어 살아온 곳으로 영호루와 함께 이 지역 명승지로 꼽힌다.

태백산 자락의 마을

이곳에서 북쪽으로 이백 리쯤 떨어진 곳에 태백산이 있다. 산 밑에 있는 내성, 춘양, 소천, 재산 네 고을은 다 두메산골이다. 관동 바닷가에서 나오는 생선과 소금이 이 고을로 통하는 까닭에 백성들이 그에서 이득을 얻는다. 이곳은 난을 피해 은둔해서 살 만한 곳이다.

네 고을 동쪽으로는 영양과 진보 두 마을이 있는데, 대체로 풍습이 비슷하다. 진보에서 동쪽의 읍령을 넘으면 곧 영해인데, 북쪽으로 강원도 평해와 맞닿아 있다.

안동에서 남쪽으로 황수를 건너면 팔공산이 나온다. 산의 북쪽, 곧 황수 남쪽에는 의성 등 여덟아홉 고을이 있고, 동남쪽에는 경주가 자리하고 있다. 북쪽의 영해에서 남쪽의 동래에 이르는 아홉 고을은 모두 산줄기 밖에 있는데, 남북으로는 긴 반면 동서로는 좁다. 모두 바다 가까이 있어 고기잡이와 소금을 통해 이익을 얻는다.

아홉 고을 중 오직 경주만 큰 도회지로, 아직도 신라의 옛 도읍지의 풍속이 남아 있다. 조선조에 들어와서는 회재 **이언적**의 고향이기도 하다.

조선 중기 성리학자. 이조, 예조, 형조 판서를 거쳐 명종 원년에 좌찬성이 되었다. 그러나 윤원형 일파의 무고로 강계로 유배되었고 그곳에서 많은 저술을 남기고 63세의 나이로 생을 마쳤다. 그의 이우위설 **理優位說**은 이황에게로 계승되는 영남학파 성리학의 선구가 되었다. 주요 저술로 《구인록》, 《대학장구보유》가 있다.

팔공산 남쪽 큰 강 서쪽이 칠곡이고, 그 동남쪽으로는 하양·경산·자인 등의 고을이 있다. 경상도에는 성을 쌓아 지킬 만한 곳이 없는데, 이곳 칠곡만은 성이 만 길이나 되는 산 위에 자리하고 있고, 남북으로 통하는 큰 길에 깎은 듯이 서 있어 큰 요충지라 할 만하다.

대구 주변 마을

대구는 감사가 다스리는 곳이다. 사방으로 산이 높게 둘려 있고, 중앙에 넓은 들이 펼쳐져 있으며, 들 가운데로는 금호강이 동에서 서로 흐르다가 낙동강 하류와 만난다. 고을 관아는 강 뒤편에 있다. 경상도의 한복판에 위치하여 남북으로 거리가 매우 고르니, 형세가 훌륭한 도회지다.

대구 동남쪽에서 동래 사이에는 여덟 고을이 있는데, 땅은 비록 기름지지만 왜국과 가까워 살 만한 곳이 못 된다. 그러나 밀양은 점필재 김종직의 고향이고, 현풍은 한헌당 김굉필의 고향이다. 강을 끼고 있고 바다와도 가까워 생선과 소금, 배를 통해 이익을 얻으니, 또한 번화한 명승지다. 한양의 역관들이 이곳에 머물면서 많은 재물로 왜인들과 장사하여 많은 이익을 얻는다.

동래와 대마도

밀양 동남쪽은 동래로서 우리나라 동남쪽 해상이니, 왜국에서 우리나라에 상륙하는 첫 지점이다. 임진년(1592년) 이전부터 고을의 남쪽 바닷가에 왜관(조선시대 일본인들이 통상을 하던 무역 거래처. 숙박과 접대 장소의 기능을 동시에 했다)을 설치하고 둘레에 수십 리에 달하는 나무 울타리를 쳐서 경계를 정했다. 또한 군졸을 두어 지키게 하면서 우리 백성의 출입을 금했다.

해마다 대마도 사람이 대마도 도주의 문서를 받아 왜인 수백 명을 이끌고

와서 왜관에 머문다. 조정에서는 경상도의 조세 가운데 얼마를 떼어 왜관에 머무는 왜인들에게 주었다. 그러면 그 가운데 반은 도주에게 바치고, 나머지 반은 경비로 사용했다. 그들은 별 하는 일도 없이 다만 오가는 서신과 물자 교역을 담당할 뿐이다. 그들은 교역한 물건 값을 바로 치르지 못해 다음 해에 갚기로 약속하기도 하는데, 이런 경우를 '잡혔다'고 한다.

왜국에는 전국에 걸쳐 나쁜 독이 있는 샘이 많아 풍토병이 있는데, 인삼을 주발에 넣으면 탁한 장기가 녹아 없어진다. 그래서 그들은 인삼을 가장 중하게 여기며, 두메산골의 왜인들까지 대마도에 와서 구해 간다. 우리 조정에서는 인삼을 일정량 하사하고, 사사로이 거래하는 것은 금한다. 그러나 이익이 많이 따르므로 밀매자가 증가하고 있으며, 비록 죽인다 해도 완전히 사라지지는 않는다. 최근에는 금지령이 점차 유명무실해지고 있으며, 밀매자가 증가함에 따라 인삼 값도 나날이 치솟고 있다.

이전에 장헌대왕(세종)이 장수를 보내 대마도를 토벌한 적이 있는데, 관원을 두어 다스리지 않고 다시 대마도 도주에게 되돌려주었다. 당시에는 왜인을 관에 머물도록 하지 않았을 터인즉, 이런 일이 언제부터 시작되었는지 알 수 없고, 사실 아무 의미도 없는 일이다.

대마도는 본래 왜국에 속한 땅이 아닌데, 두 나라 사이에 위치하면서 우리나라에는 왜국을 빙자하고 왜국에는 우리나라를 빙자하면서 잇속을 챙겨 왔다. 그러므로 엄히 토벌하여 우리에게 복속시키는 것이 옳을 것이다. 그렇지 않으면 도주를 해마다 조정에 조회하도록 하여 신하로서 복종하게 하고 후히 상을 내릴 수 있을 것이다. 그러나 지금처럼 관을 지어 주고 조세를 주는 것

은 마치 우리가 그들에게 조공을 바치는 것과 같아 명분에 어긋나므로 하루
빨리 중지하는 것이 옳을 것이다.

대마도는 땅이 메마르고 인구가 많아서, 고려 말에 바다에서 도둑질을 하
던 자들은 대부분 이 섬 사람들이었다. 어떤 사람은 그들을 달래어 도적질에
서 벗어나게 하려고 하지만 모두 임시방편일 뿐이며 답답한 노릇이다. 예전
에도 이러한 예가 없었다. 하물며 그들은 우리나라 안에 들어와 있으며, 우리
복장으로 변장하고 말까지 배우고 있으니 나라 일을 염탐할 우려도 있다.

임진년(1592년)에는 아무 이유도 없이 철수해 돌아갔으니, 전쟁 동안에 작은
도움도 받지 못했고 오히려 해만 되었다. 그러나 이런 관습이 꽤나 오래되었
으니 갑자기 중단하는 것도 바람직하지 않다. 따라서 먼저 군사를 통해 위엄
을 보인 뒤 다시 약속을 맺는 것이 좋을 것이다.

영남 지역의 관문, 문경새재

경상 우도에는 조령 아래에 문경이 있다. 그 북쪽에는 우뚝 솟은 주흘산이
있고, 남쪽에는 견고한 대탄이 있다. 또한 서쪽에는 희양산·청화산이 있고,
동쪽에는 천주산·대원산이 있어 사방이 산으로 둘러싸여 있다. 문경은 그
가운데에 펼쳐진 평지에 위치하며, 영남 경계의 첫 고을로서 남북으로 통하
는 큰길에 닿아 있다.

임진왜란 때 왜군이 북으로 올라오다가 대탄에 이르러 크게 두려워했다.

그러나 지키는 사람이 없음을 염탐하고는 통과했고, 조령에 이르러서도 또한 그러했다. 그러나 바윗고을인데다가 험한 산중에 있어 풍수가는 소위 '살기를 조금은 벗었다'라고 말한다.

그 남쪽은 함창 들판이고, 함창 남쪽은 상주다. 상주는 일명 낙양이라고도 하는데, 조령 밑에서 가장 큰 도회지다. 산세가 웅장하고 평야가 넓으며, 북쪽으로는 조령과 가까워서 충청 · 경기와 통하고, 동쪽으로는 낙동강과 닿아 있어 김해 · 동래와 통한다. 육로로든 물길로든 모두 남북으로 통하여 교통의 요지가 되므로 교역에 편리하다. 이 지방에는 부자가 많고 또 이름난 유학자와 높은 관리도 많다. 우복 정경세와 창석 이준이 모두 상주 사람이다.

상주 서쪽은 화령이고, 화령 서쪽은 곧 충청도 보은 땅이다. 화령은 소재 노수신의 고향이며, 동쪽에 자리한 인동은 여헌 **장현광**의 고향이다.

어려서부터 학문에 뜻을 두어 23세 때 그 재능과 행실이 알려져 조정에 천거되었으나 모든 벼슬을 사양하고 나아가지 않았다. 그러나 병자호란이 일어나자 각 고을에 통문을 보내 의병을 일으키고 군량미를 모아 보냈다. 이듬해 항복 소식이 전해지자 세상을 버릴 생각으로 동해가의 입암산에 들어가 반 년 만에 죽었다. 이이의 학설을 이어받아 남인 계열 학자 중에서도 이색적이고 독창적인 이론을 폈다.

그 남쪽에는 선산이 있는데, 산천이 상주에 비해 더 깨끗하고 밝다. 전해 오는 말에 의하면 "조선 인재의 반은 영남에 있고, 영남 인재의 반은 선산에 있다"라고 한다. 그런 까닭에 예로부터 이곳에는 문장에 뛰어난 선비가 많이 나왔다.

임진왜란 때 명나라 군사가 이곳을 지나가다 술사(음양, 복서, 점술에 정통한 사람)가 외국에 인재가 많음을 시기하여 병졸들을 시켜 마을의 뒤쪽 맥을 끊고 숯불을 피워 지지게 했다. 다시 큰 쇠못을 박아 땅의 기운을 눌렀는데, 그런 뒤로 인재가 쇠잔하여 나지 않게 되었다고 한다.

금산 서쪽은 추풍령이고, 추풍령 서쪽은 곧 황간이다. 황악산과 덕유산의 동쪽 물이 합해져 감천이 되어 동쪽의 낙동강으로 흘러든다. 감천 유역에 있는 고을로는 지례·금산·개령을 들 수 있는데, 선산과 함께 감천 물을 논밭에 댈 수 있어 땅이 대단히 기름지다. 백성들의 삶은 안락하며 죄를 두려워하고 나쁜 일을 멀리하는 까닭에 대를 이어 사는 사대부가 많다.

금산은 판서 최선문(세종 때 지평을 지냈고 문종 때 공조판서를 지냈으나 단종이 수양대군에게 양위하자 사직했다. 세조가 좌찬성에 임명했지만 끝내 나아가지 않았다)의 고향이고, 선산에는 금오산이 있는데 곧 길재의 고향이다. 최선문은 노산군(단종)을 위해 절의를 지켰고, 길재는 고려를 위해 절의를 지켰다.

문인과 현사의 고장, 성주

감천 남쪽에는 선석산이 있고, 산의 남쪽은 성주와 고령이다. 고령은 옛 가야국이다. 그 남쪽에는 합천이 있는데, 고령과 더불어 가야의 동쪽에 있다. 이 세 고을의 논은 영남에서 가장 기름져 씨를 조금만 뿌려도 수확이 많다. 그런 까닭에 토박이들이 모두 부유하여 유랑민이 없다.

성주는 산천이 밝고 뛰어나 고려 때부터 문인과 현
사가 많았고, 조선조에 이르러서도 동
강 김우옹과 한강 정구가 모
두 이곳에서 태어났다.

합천 남쪽은 삼가인데, 남
명 조식 의 고향이다. 김우옹,
정구, 정인홍이 모두 남명의
문인이다. 정인홍은 학자를
자처하면서 남명을 존경하고
퇴계를 공박했는데, 그를 따르던 많은 사람들
이 그의 그릇된 인도로 때문에 해를 많이 당했다. 이에 동강은 벼슬에서 물러
나게 되자 정인홍을 피해 성주로 돌아가지 않고 청주의 정좌산 아래에 터를
잡아 살다가 그곳에서 생을 마쳤다.

학문이 높았지만 평생 과거
에 응시하지 않았다. 경상좌도의
이황과 동시대를 살면서 경상
우도를 대표하는 대유학자로
쌍벽을 이루었다. 경상도의 학자들은 두 사람을 모두
존경하며 배웠으나 오직 그의 수제자 격인 정인홍만
이황을 배격했다. 주요 저서로 《남명집》과 《파한잡기》
가 있다. 사진은 그의 학덕을 기리기 위해
세운 덕천서원이다.

정인홍은 광해군 때 대북파의 우두머리로 벼슬이 영의정에 이르렀으나,
인조반정이 일어나자 저자에서 죽었다. 그러나 성주의 인사들은 의로운 행동
을 기쁘게 여겨 그의 집을 보전했으니, 이는 한강과 동강이 가르침을 남긴 덕
택이다.

덕유산 동남쪽 안음현은 동계 정온의 고향이다. 동계는 벼슬이 이조참판
에 이르렀는데, 병자년(1636년)에 청나라 군사가 남한산성을 포위하자 명나라
를 배반하고 청나라에 항복함은 있을 수 없다고 했다. 인조가 항복하자 동계
는 칼로 배를 찔러 자결하려 했다. 그러나 자제들이 밖으로 나온 창자를 도로

집어넣고 꿰매자 얼마 후 다시 살아났다. 청나라 군사가 돌아가자 그는 고향으로 돌아와 다시는 벼슬하지 않았다.

안음 동쪽 거창 남쪽에는 함양과 산음이 있는데, 지리산 북쪽에 위치한다. 이들 네 고을은 모두 땅이 기름지다. 그중에도 함양은 산수굴이라 불리는데, 거창·안음과 함께 이름난 고을로 일컫는다. 그러나 산음만은 음침하고 어두워서 살 곳이 못 된다. 네 고을의 물은 하나로 합쳐져 영강(지금의 남강)이 되었는데, 진주 남쪽을 돌아 낙동강으로 흘러들어 간다.

진주와 하동 지방

진주는 지리산 동쪽에 있는 큰 고을로, 여러 장상을 많이 배출했다. 땅이 비옥할 뿐만 아니라 경치도 좋아 사대부들이 넉넉한 살림을 자랑하면서 집과 정자 꾸미기를 즐긴다. 비록 벼슬은 하지 않아도 유한공자遊閑公子라는 이름을 얻게 되었다.

임진왜란 때 고을이 왜군에게 함락되자 창의사 김천일과 병사 최경회가 싸우다 죽었다. 백성들은 사당을 세워 제사를 지내고, 조정에서는 "충렬忠烈"이라는 현판을 내려 표창했다.

숙종 때 어떤 목사가 사당을 중수하고자 병사에게 도움을 청했는데 거절당했다. 그래서 목사 홀로 자신의 녹봉을 털어 사당을 중수하고 장식하여 새롭게 묘를 가꾸었다. 어느 날 밤 목사의 꿈에 여러 무장들이 나타나 사례하고

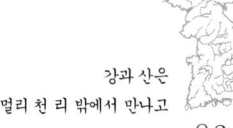

이렇게 말했다.

"당신은 문관이면서도 오히려 우리를 이렇게 생각하는데, 저 병사는 무장이면서도 돌아보지 않으니 마땅히 죄를 받을 것이다."

다음 날 새벽 병사가 밤중에 급사했다는 소식이 들렸으니, 귀신이 전혀 없다고 할 수는 없을 것이다.

진주 동쪽에 있는 의령과 초계는 진주와 풍속이 거의 같다. 영강 남쪽 열세 고을에는 예로부터 출세한 자가 적다. 바다와 가까워 왜국과 이웃하고 있을 뿐만 아니라, 샘물도 좋지 못한 기운을 가지고 있어 살 만한 곳이 못 된다. 오직 하동은 일두 정여창의 고향으로, 지리산 남쪽에 있어 전라도 광양현과 닿아 있다. 그래서 예로부터 이르기를 "좌도에는 벼슬한 집이 많고, 우도에는 부자가 많으며, 간간이 천년을 이어 온 이름난 마을이 있다"고 했다. 그러나 서울에서 멀리 떨어져 있어 토박이가 아니면 사대부가 쉽게 가서 살기는 쉽지 않다. 세상 형편이 그럴 뿐만 아니라 시대 또한 그럴 만한 때가 아니다.

김굉필과 함께 일찍이 김종직의 문하에서 학문을 연마했다. 연산군 1년 안음현감에 부임하여 백성들의 무거운 세금을 덜어 주고 깨끗한 정치를 행하니 사방에 그의 이름이 높았다. 무오사화 때 유배되었고, 1504년 죽은 뒤 갑자사화 때 시신이 화를 입는 부관참시를 당했다. 중종반정 후 우의정에 추서되었다.

지리산 바람은 섬진강을 안고, 전라도

호남이 낳은 인재들

전라도는 동쪽으로는 경상도와, 북쪽으로는 충청도와 닿아 있는데, 본래 백제 땅이다. 후백제의 견훤이 신라 말에 이 땅을 차지하여 고려 태조와 여러 번 싸워 자주 그를 위태롭게 했다. 그후 고려 태조가 견훤을 제압한 뒤 백제 사람을 미워하여 "차령(충남 공주시 유구읍과 예산군 신양면 경계에 있는 재) 이남의 물은 모두 거꾸로 흐른다. 차령 이남 사람은 등용하지 말라"는 유언을 남겼다. 고려 중엽에 이르러 간혹 등용하는 경우도 있었으나 재상에 오른 자는 드물었다. 그러나 조선조에 들어와서는 이런 제재가 느슨해졌다.

호남은 땅이 비옥하고, 서남쪽 연해 지방에는 생선, 소금, 벼, 실, 솜, 모시, 닥나무, 대나무, 귤, 유자, 감 등이 풍족하다. 노래를 좋아하고 호사를 즐기는 풍속이 있고, 영리하고 간사한 자가 많으며, 문학을 중요하게 여기지 않는다. 그러므로 경상도에 비해 과거에 올라 벼슬에 오른 자가 적으니, 학문을 통해 자신의 이름을 날리는 데 힘쓰는 자가 적기 때문이다.

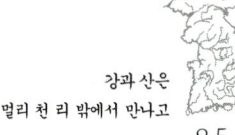

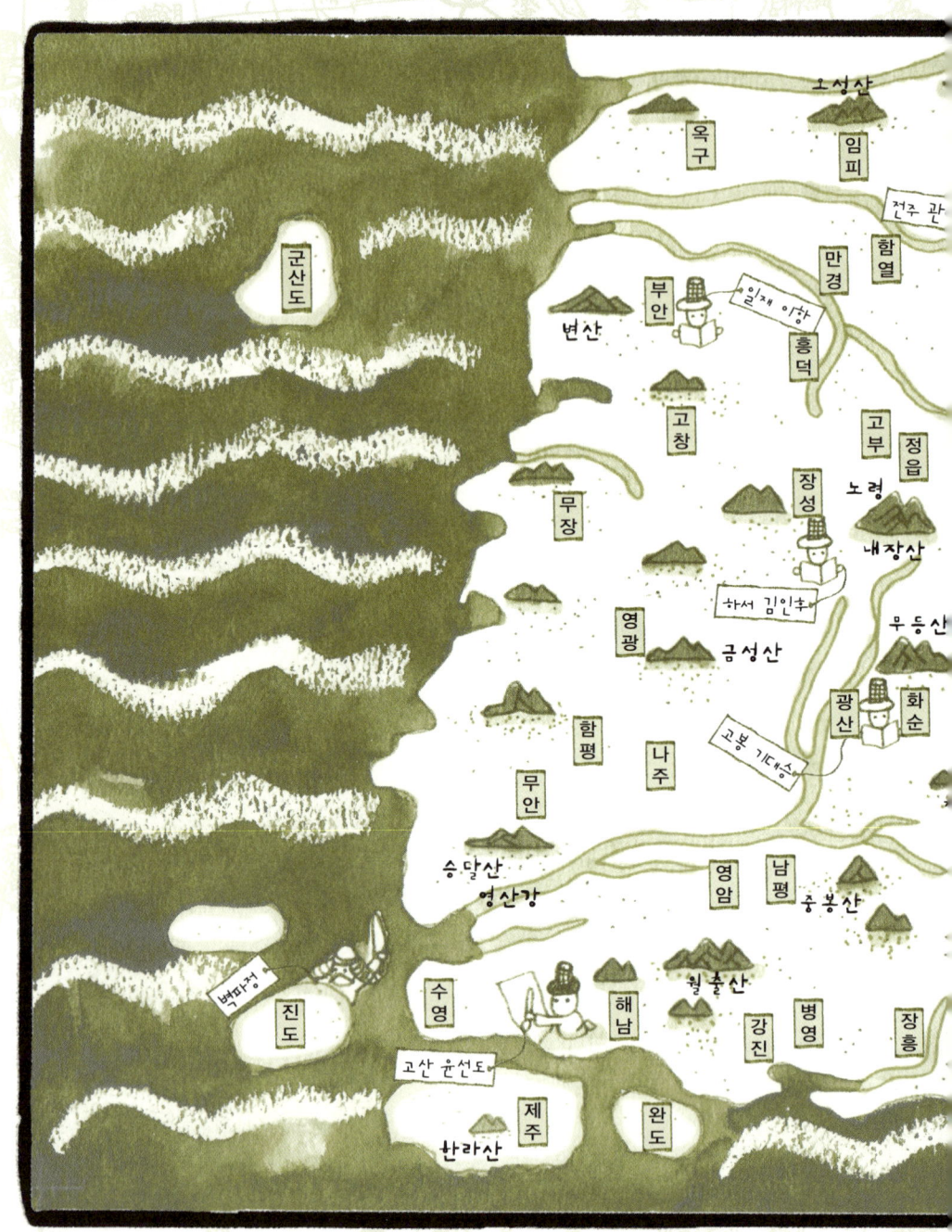

전
라
도

여
산 호산
진
산 서대산
금산
고
산 금
산
덕유산
전
주 건치산
주줄산
부귀산
진안 용
담
무
주
산
임
실 고달산 마이산
장
수 대덕산
순
창 회문산
무재 이상형 남
원
운
봉 황산
팔량재
치악산
곡
성 구
례 화엄사
봉성산 권
연곡사
천덕산
섬진강
낙
안 송광산 동리산
백계산
광
양
주월산 순
천
흥양
수
영

그러나 인걸은 땅의 영험을 타고나는 것
이므로 이곳 출신의 인재 또한 적지
않다. 고봉 기대승 은 광주 사람이
고, 일재 이항은 부안 사람이
며, 하서 김인후는 장성 사람
으로 모두 도학으로 이름이 높
았다.

　　제봉 고경명과 건재 김천일
은 광주 사람으로 모두 절의로 이름이
높았고, 고산 윤선도는 해남 사람이며, 묵재 이상형은 남원 사람으로 모두 문
학으로 이름이 높았다. 장군 정지와 금남군 정충신 또한 광주 사람으로 장수
로 이름이 높았으며, 찬성 오겸도 광주 사람이다. 의정 이상진은 전주 사람으
로 재상으로 이름을 날렸다.

　　문장가로는 고부의 옥봉 백광훈과 영암의 고죽 최경창이 있고, 이곳에 와
터를 잡은 사람으로는 순창에 살던 부윤 신말주, 김제에 살던 이상, 이계맹,
해남에 살던 판서 이후백, 무안에 자리를 잡은 판서 임담을 들 수 있다. 단학
(인체 내의 기운의 흐름을 자연의 순환 법칙에 맞춤으로써 건강을 도모하고 생명의 참모습을 깨닫게 한
다는 학문)인 가운데는 함열 사람인 도사 남궁두와 고부 사람인 청하 권극중이
있는데, 이들은 방술을 수련하여 이름을 드날렸다. 이들은 모두 높은 기개와
뛰어난 재주로 후세에 명성을 날렸다.

덕유산에서 마이산으로

덕유산은 충청·전라·경상 세 도가 교차하는 곳에 있는데, 서쪽으로 뻗은 한 줄기가 전주 동쪽에 이르러 마이산의 쌍석봉이 되어 하늘로 높이 솟았다. 마이산馬耳山이란 이름은 옛날 정종이 호남에서 무예를 익힐 때 산 모양이 말의 귀와 비슷하다 하여 붙인 것이다.

마이산 한 줄기가 서남쪽으로 임실과 전주 사이를 지나 하나는 서쪽으로 가 금구의 모악산이 된 뒤 만경강과 동진강 두 강에서 멈추었고, 또 하나는 서남쪽으로 달려 순창의 부흥산이 되고 다시 정읍의 노령이 되었는데, 이는 남북으로 통하는 큰 길이다. 노령에서 갈라진 줄기는 서쪽으로는 영광에서 멈추었고, 서남쪽으로는 무안에서 멈추었으며, 북쪽으로는 부안의 변산에서 멈추었고, 동남쪽으로는 담양과 광주 아래의 여러 산이 되었다.

부흥산은 전라도 중앙에 자리하여 양쪽으로 산을 끼고 들을 펼쳐 큰 골짜기를 만들었는데, 계곡 물이 동쪽으로 흐르니 사람들이 읍성을 설치할 만한 곳이라고 말한다. 숙종 때 병영을 이곳에 옮기고자 했으나 실행하지는 못했다.

관아가 자리한 전주

마이산은 북쪽으로 뻗어 진안과 전주 사이에서 주줄산이 되었다. 이곳에서 서쪽으로 뻗은 한 줄기가 전주부를 만들었는데, 감사가 다스리는 곳이다.

강과 산은
멀리 천 리 밖에서 만나고

동쪽에는 위봉산성이 있고, 북쪽으로 조금 떨어진 곳에 기린봉이 있다. 여기에서 한 줄기가 전주 서북쪽에 이르러 건지산이 되었는데, 전해 오는 말로는 목조(이성계의 고조부)의 능이 있는 곳이라 한다. 지금 임금(영조) 경술년(1730년)에 감사에게 명하여 민간인들의 분묘는 모두 옮기게 하고, 십 리 둘레에 푯말을 세워 벌채하지 못하게 했다.

건지산의 한 줄기가 서쪽으로 뻗어 덕지가 되었는데, 그윽하면서도 넓다. 이 못을 지나면 평평한 구릉이 큰 들판을 빙 돌았고, 만마동의 물을 거슬러 받아 지리가 매우 뛰어나니, 참으로 살 만한 곳이다.

주줄산 이북의 여러 골짜기 물은 고산현을 지나 전주 경계로 들어오고, 다시 율담·양전포·오백주와 같은 큰 시내가 되어 농사에 이용되는 까닭에 땅이 아주 기름지다. 게다가 벼·생선·생강·모시·대나무·감 등의 생산이 활발해, 천 개의 고을 만 개의 부락이 먹고살 만큼 물자가 풍요롭다. 서쪽의 사탄에는 생선과 소금을 실은 배가 왕래한다.

전주 관아가 자리한 곳은 인구가 조밀하고 물자가 쌓여 있어 서울과 다름이 없으니, 참으로 큰 도회지라 할 것이다. 노령 북쪽의 십여 고을은 다 좋지 않은 기운이 서려 있으나 오직 전주만은 맑고 시원하여 가장 살 만한 곳이다.

서해 바닷가 마을

주줄산 북쪽의 한 줄기는 서쪽으로 뻗어 내려 탄현과 용화산이 된 다음 옥구에서 그쳤고, 탄현 너머 서북쪽에는 여산 등 다섯 고을이 있다. 여산은 충청도의 은진과 접경인데, 토양이 점토이고 좋지 않은 기운이 있어 살 곳이 못된다. 용화산 위에는 기자 조선의 마지막 왕인 기준이 도읍한 곳이 있는데, 지금도 성과 궁궐터의 자취가 남아 있다.

산의 다른 한 줄기는 북쪽으로 뻗어서 여산 서북방에서 채운산이 되었다. 이 산의 봉우리는 들 가운데 홀로 우뚝 서 있고, 산 위에는 좋은 그늘과 신령스러운 샘이 있다. 전해 오는 말에 의하면 백제 의자왕이 잔치를 베풀고 놀던 곳이라 한다.

채운산을 넘어 작은 들을 하나 지나면 황산촌에 닿는다. 돌산이 강에 이르러 쑥 나왔고, 은진의 강경과는 작은 포구를 사이에 두고 배가 통하는 곳으로 경치가 뛰어나다. 그 서쪽은 용안, 함열, 임피인데, 모두 진강 남쪽에 있다. 특히 임피의 오성산은 경치가 뛰어나다.

강을 거슬러 올라가면 시야가 탁 트인 곳에 서시포라는 큰 마을이 있다. 배가 머무는 곳으로서 강경, 황산과 함께 강가의 이름 있는 마을로 불린다. 민간에 전해 오기로는 옛날 중국의 미녀인 서시가 이곳에서 태어났다 하여 서시포라 부른다고 한다.

임피 서쪽에 있는 옥구는 서해와 닿아 있다. 자천대라는 작은 산기슭

중국 춘추전국시대의 월나라 미녀. 월나라 재상인 범려가 오나라 왕 부차에게 미인계를 쓰기 위해 서시를 헌상했다. 부차가 서시를 총애했는데, 이는 나라를 망치는 한 원인이 되었다.

이 바닷가로 쑥 나와 있는데, 그 꼭대기에 두 개의 돌그릇이 있다. 신라시대에 고운 최치원이 태수가 되자 비밀 문서를 이 돌그릇 속에 숨겨 두었다고 한다. 돌그릇은 큰 돌덩어리로 기슭에 내버려져 있었는데, 누구도 감히 열어 보지 않았다. 혹 이를 끌어 움직이면 바다에서 비와 바람이 심하게 일어났다. 마을 사람들은 이를 이로운 것으로 여겨 가뭄이 들면 수백 명이 모여 큰 밧줄로 이 돌을 끌어당겼다. 그러면 바다에서 갑자기 비가 몰려와 논밭을 흡족하게 적셨다.

그후 임금의 명을 전하는 자가 이 현에 올 때마다 이것을 보고자 하여 그 폐해가 꽤나 심각해졌고, 고을 백성들도 고통을 받았다. 옛날에는 정자도 있었는데 백 년 전에 부수어 버렸고, 또한 돌그릇도 묻어 버려 그 자취를 없앰으로써 지금은 가서 보는 이가 없다.

호남 남부 지방

탄현 동쪽은 고산현이고 용화산 남쪽은 익산군인데, 모두 나쁜 기운이 흐른다. 특히 고산은 땅은 비옥하나 산수가 험악하여 살 만한 곳이 못 된다.

모악산 서쪽에는 금구와 만경 두 현이 있는데, 물이 대단히 맑다. 산세 또한 살기를 벗어 들 가운데를 감돌아 있고, 두 줄기 물이 감싸 흘러 정기가 흩어지지 않아 살 만한 곳이 대단히 많다. 그 밖에 산과 가까운 태인, 고부와 바닷가의 부안, 무장 등 여러 읍에는 모두 나쁜 기운이 흐른다. 오직 부안의 변산 부근과 흥덕의 장지 남쪽은 땅이 비옥하고 호수와 산의 경치가 좋아 만약 나쁜 기운이 없는 샘만 고른다면 살 만하다.

노령 서쪽은 영광·함평·무안이고 남쪽은 장성·나주인데, 이들 다섯 고을은 샘물에 나쁜 기운이 없어서 노령 북쪽 고을과는 비할 바가 아니다. 영광의 법성포는 밀물 때가 되면 바닷물이 포구의 바로 앞을 돌아 호수와 산이 아름답고 집이 즐비하게 늘어서 있어 사람들이 작은 **서호**라 부른다. 바다와 가까운 여러 고을은 모두 이곳에 창고를 두어 세미稅米를 거두어 두었다가 실어 나르는 곳으로 삼았다. 장성 또한 땅이 비옥하고 산수 역시 아름답다.

서울 마포에서 서강에 이르는 십오 리 지역을 일컫는다. 여기에는 삼남 지방에서 올라오는 곡물을 저장하는 창고가 있었고, 상류의 여러 지역과도 물길이 트여 있어 많은 물자를 수송했다. 서호라는 이름은 사리 때 바닷물이 들어오면 해상의 많은 배가 몰려 호수 같은 모양을 하는 데서 연유한 듯하다.

나주는 노령 아래에 있는 한 도회지로서, 뒤로는 금성산을 등지고 있고 남쪽으로는 영산강에 임해 있다. 고을 관아의 형세가 한양과 흡사하여 예로부터 높은 벼슬에 오른 자가 많다.

영산강은 서쪽으로 흘러 무안과 목포에 이르는데, 강 주위에는 경치가 뛰어난 고을이 많다. 강 건너편에는 큰 평야가 펼쳐져 있으며, 동쪽으로는 광주에 닿아 있고 남쪽으로는 영암과 통한다. 날씨가 맑고 화창하며 물자 또한 풍족할 뿐 아니라 땅 또한 넓어 고을이 하늘의 별처럼 깔려 있다. 게다가 서남쪽으로는 강과 바다를 통해 물자를 교역하여 이익을 얻는바, 광주와 함께 이

강과 산은
멀리 천 리 밖에서 만나고

름난 고을로 손꼽힌다.

나주 서쪽은 칠산 바다다. 옛날에는 깊었으나 최근에 와서는 모래와 흙이 쌓여 점차 얕아져 썰물 때는 무릎까지밖에 차지 않는다. 가운데 길만 한 길이 넘어 배가 이 길을 따라 다닌다.

나주 서남쪽은 영암군으로, 월출산 아래에 자리하고 있다. 월출산은 대단히 맑고 뛰어나며, 뾰족뾰족한 산봉우리가 하늘에 오르는 형세를 하고 있다. 남쪽으로는 월남촌이, 서쪽으로는 구림촌이 있는데, 모두 신라시대의 이름난 촌락이다.

이 지역은 서해와 남해가 서로 맞닿는 곳에 위치하여, 신라에서 당나라로 들어갈 때는 이 고을에서 배로 출발했다. 하루를 가면 흑산도에 이르고, 흑산도에서 또 하루를 가면 홍의도에 이르며, 또 하루를 가면 가가도에 이르고, 여기서 북동풍을 따라 사흘을 타고 가면 곧 태주 영파부 정해현에 이르는데, 순풍을 만나면 하루 만에 도착할 수도 있다. 남송이 고려와 통행할 때도 정해현 바닷가에서 배로 출발하면 칠 일 만에 고려 국경에 상륙했는데, 그곳이 곧 영암군이다. 당나라 때 신라인이 바다를 건너 당나라에 들어가는 것이 매우 빈번하여 지금 통진 건널목에 배의 행렬이 끊이지 않은 것과 같다.

최치원, 김가기, 최승우가 모두 상선을 타고 당나라에 들어가 당의 과거에 급제했다. 최치원은 황소의 난이 일어났을 때 토벌군 대장인 고병의 막료가 되었으며, 사륙문을 잘 지었다. 지금 《여문》(조선 후기 유학자인 유근이 중국 역대 문장을 모아 편집한 책)에 실려 있는 〈황소의 격문〉(879년 당나라에서 황소가 반란을 일으키자 그의 죄를 다스리려 발표한 격문. 너무나 명문이어서 황소가 전투 중 말 위에서 이 격문을 읽다가 간담이 서늘해져 말에서 떨어졌다는 이야기가 있다)이 곧 그의 글이다. 고운은 김가기, 최승우 두 사람과 함께 종남산에 있는 절에서 신천사를 만나 신선이 되는 비결을 담은 책인 《내단비결》을 얻고, 훗날 우리나라에 돌아와 함께 수련하여 선술을 깨쳤다.

지리산과 섬진강

부흥산 동쪽에는 임실·순창·남원·구례가 있는데, 모두 산이 많은 마을이다. 마이산 남동쪽의 물이 임실을 거쳐 남쪽으로 남원에 이르러 요천과 합쳐져 잔수진과 압록진이 되었다. 강 서쪽은 옥과, 동복, 곡성이다. 물은 압록진에서 시작하여 동쪽으로 굽어 흘러 악양강이 되면서 남해와 통하고, 지리산 남쪽을 돌아 섬진강이 되어 남해로 들어간다. 섬진강은 전라도와 경상도의 경계가 된다.

남원 성곽은 임진왜란 때 명나라 장수 양원이 쌓은 것이다. 그러나 정유년(1597년)에 왜군에게 함락되기도 한 이 땅에는 아직도 은은한 살기가 돈다.

남원에서 동쪽으로 고개 하나를 넘으면 운봉현인데, 지리산 팔량치 고개 위에 위치하여 전라도와 경상도를 통행하는 큰 길이 된다. 고을 앞에 있는 황산은 고려 말에 우리 태조가 왜구를 크게 섬멸한 곳이다.

남원부 동남쪽에 위치한 성원은 최씨가 대를 이어 사는 곳으로, 산수의 경치가 뛰어나다. 그 남쪽은 구례현으로, 성원에서 구례까지 한 평야로 이어져

강과 산은
멀리 천 리 밖에서 만나고

있으며, 1무당 1종을 거두는 논이 많다.

구례 서쪽에 있는 봉동은 샘과 돌이 뛰어나다. 동쪽에는 화엄사와 연곡사 같은 명승지가 있고, 남쪽에는 구만촌이 있다. 임실에서 구례에 이르는 강 주변에는 이름난 곳과 경치 좋은 곳이 많고 또한 큰 촌락도 많다. 더욱이 구만은 시냇가에 위치하여 강산과 땅이 훌륭하고 배와 고기잡이, 소금 등에서 이익을 얻어 살기에 가장 좋다. 반면 남원과 구례는 모두 지리산 서쪽에 자리하고 있는데, 섬진강 서쪽 세 마을과 함께 나쁜 기운이 있어 좋지 않은 땅이라고 했다. 그러나 근래에 와서는 다소 맑고 깨끗해졌다.

부흥산 남쪽 줄기는 담양과 창평을 거쳐 광주의 무등산이 되었다. 산 동쪽으로는 옥과 등 세 고을이 있고, 서남쪽으로는 광주 · 화순 · 남평 · 능주가 있으니, 곧 영암의 동북쪽이다. 광주는 서쪽으로 나주와 통하고, 풍토와 기후가 깨끗하고 밝아 예로부터 이름난 마을이 많으며, 또 높은 벼슬에 오른 인사도 많았다.

남해안 바닷가 마을

영암 동남쪽 바닷가에 있는 여덟 고을은 대체로 풍속이 같으나 다만 해남과 강진은 탐라와 연결되는 바다의 길목이 되어 말, 소, 가죽, 진주조개, 귤, 유자, 말갈기털, 대나무 등을 팔아 이익을 본다. 그러나 여덟 고을 모두 서울에서 너무 멀고 남해와 가까워서 겨울에는 초목이 마르지 않고 벌레 또한 움

츠러들지 않는다. 더욱이 산 아지랑이와 바다 기운이 무더워서 나쁜 기운이 감돌고, 왜국과 아주 가까워 비록 땅은 기름지지만 살기 좋은 곳은 아니다.

해남현 삼주원(해남 반도 우수영 남쪽에 있는 역관)에서 돌 줄기가 바다를 건너 진도군이 되었는데, 물길로 삼십 리에 이르고 벽파정이 바로 그 입구에 있다. 물속의 돌 줄기는 삼주원에서 벽파정까지 가로 뻗어 있어 돌다리와 같고, 돌다리의 위아래가 계단처럼 깎여 있다. 바닷물은 밤낮으로 동쪽에서 서쪽으로 밀려와 마치 폭포와 같고 물살이 매우 급하다.

임진년에 일본 승려인 겐소가 평양에 와서 의주 행재소에 다음과 같은 내용의 편지를 보냈다.

수군 십만이 또 서해로 오면 마땅히 수군과 육군이 함께 진격할 터인데, 대왕의 수레는 장차 어디로 가겠습니까?

당시 왜의 수군은 남해에서 북쪽으로 올라가고 있었는데, 수군대장 이순신이 해상에 머물면서 쇠사슬로 여울 위를 가로막고 왜적을 기다렸다. 왜선이 여울 위에 이르자 쇠사슬에 걸려 거꾸로 뒤집어졌다. 그러나 여울 위에 있는 배에서는 물의 밑바닥이 보이지 않으므로 앞서 간 배가 거꾸로 뒤집힌 것을 모르고 물의 흐름을 타고 곧장 내려간 것으로 생각하다가 차례로 모두 뒤집어졌다. 돌다리에 가까워질수록 물살의 흐름은 더욱 급해져 배가 급류에 휩쓸리면 돌아 나갈 틈도 없었으므로, 오백 척이 일시에 모두 빠져 한 척도 남지 않았다.

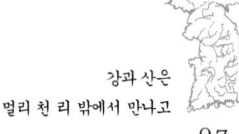

그때 명나라 사신 (심유경)이 왜적의 사신을 속여 평양에 오래 머물게 했다. 왜군은 수군이 올라오면 함께 북상하고자 했으므로 약속을 지키는 척하면서 수군이 도착할 날을 기다렸다. 그러나 시간이 지나도 수군은 도착하지 않았다. 이 틈을 타 이여송이 왜적을 격파했는데 이는 하늘이 도운 것이다.

임진왜란 때 조선에 들어와 일본군과 화친할 것을 주장하며 여러 차례 일본을 왕래했다. 그러나 뜻대로 되지 않자 일본에 대해 미봉책으로 일관했다. 봉전봉典에 관한 일을 제 마음대로 했다가 탄로가 나 본국으로 잡혀가 목이 베여 거리에 버려지는 기시형에 처해졌다.

만약 이순신이 왜적을 바다에서 무찌르지 않았다면 수십 일이 지나지 않아 왜군의 배가 평양에 닿았을 것이다. 왜의 수군이 평양에 이르면 그들이 과연 심유경과 한 약속을 지켜 병사를 묶어 두었겠는가! 그런 사실도 알지 못하고 구구하게 "도요토미를 왜국의 왕으로 봉하고 조공 또한 허락하노라" 하는 거짓말로 왜적의 마음을 달래려 했으니, 참으로 우스운 일이다. 이여송이 평양에서 세운 공은 곧 이순신의 공적이다.

그후 명나라 장수 진린이 군사를 이끌고 바다 위에 머물렀다. 병신년(1596년)과 정유년(1597년) 사이에 왜군이 수군을 몰고 와 해안의 여러 고을을 자주 침범했으나, 이순신이 잘 싸워 여러 번에 걸쳐 왜군을 쳐부수고 그들의 목을 취했다. 그때마다 이순신은 적들의 목을 진린에게 주어 그로 하여금 공을 세우게 했다. 진린은 크게 기뻐하여 조정에 이렇게 글을 올렸다.

통제사는 천하를 경륜하여 다스릴 만한 인재로, 나라와 임금께 바친 공로

가 너무도 크옵니다.

    이순신의 덕으로 왜적의 목을 가장 많이 노획한 진린은, 무술년(1598년) 본국으로 철군할 때 다른 장수들에 비해 가장 많은 목을 바쳤다. 후에 《명사明史》에 조선을 도운 공을 논한 내용을 보면, 진린을 그 으뜸으로 삼고 땅을 떼어 봉하기까지 했다. 중국에서 이 모든 것이 이순신의 공인 것을 어찌 알겠는가. 명나라 장수 양호는 공이 있어도 체포되었고, 진린은 남의 힘으로 공을 이루고 충분한 상을 받았으니, 명나라의 상벌이 거꾸로 되었다 할 것이다.

    전라도는 우리나라의 가장 남쪽에 있고 물산 또한 넉넉하다. 산골이라도 냇물을 이용해 물을 대므로 흉년이 적고 수확이 많다. 바닷가에 있는 고을은 제방을 막아서 물을 대는데, 신라 때부터 사용하던 큰 제방을 조선조에 들어와서는 사용하지 않고 방치한 까닭에 가뭄이 잦고 수확도 적다.

    옛날 송나라 학자인 사마광이 "민 땅에 사는 사람은 교활하고 음흉하다"라고 했으나, 주자 때 이르러 어진 사람이 많이 나왔다. 진실로 어진 사람이 그 지역에 살면서 부유함을 밑바탕으로 예와 글을 가르친다면 어느 곳도 살지 못할 땅이란 없다. 게다가 산천이 뛰어난 곳이 많은데 고려에서 조선에 이르는 동안 큰 인물이 난 적이 없었으니, 반드시 한번쯤은 쌓였던 정기가 모여서 훌륭한 인물을 낳을 것이다. 그러나 지금은 땅이 멀고 풍속이 다르므로 살 만한 곳이 못 된다.

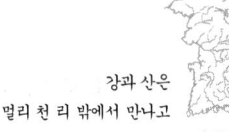

강과 산은
멀리 천 리 밖에서 만나고

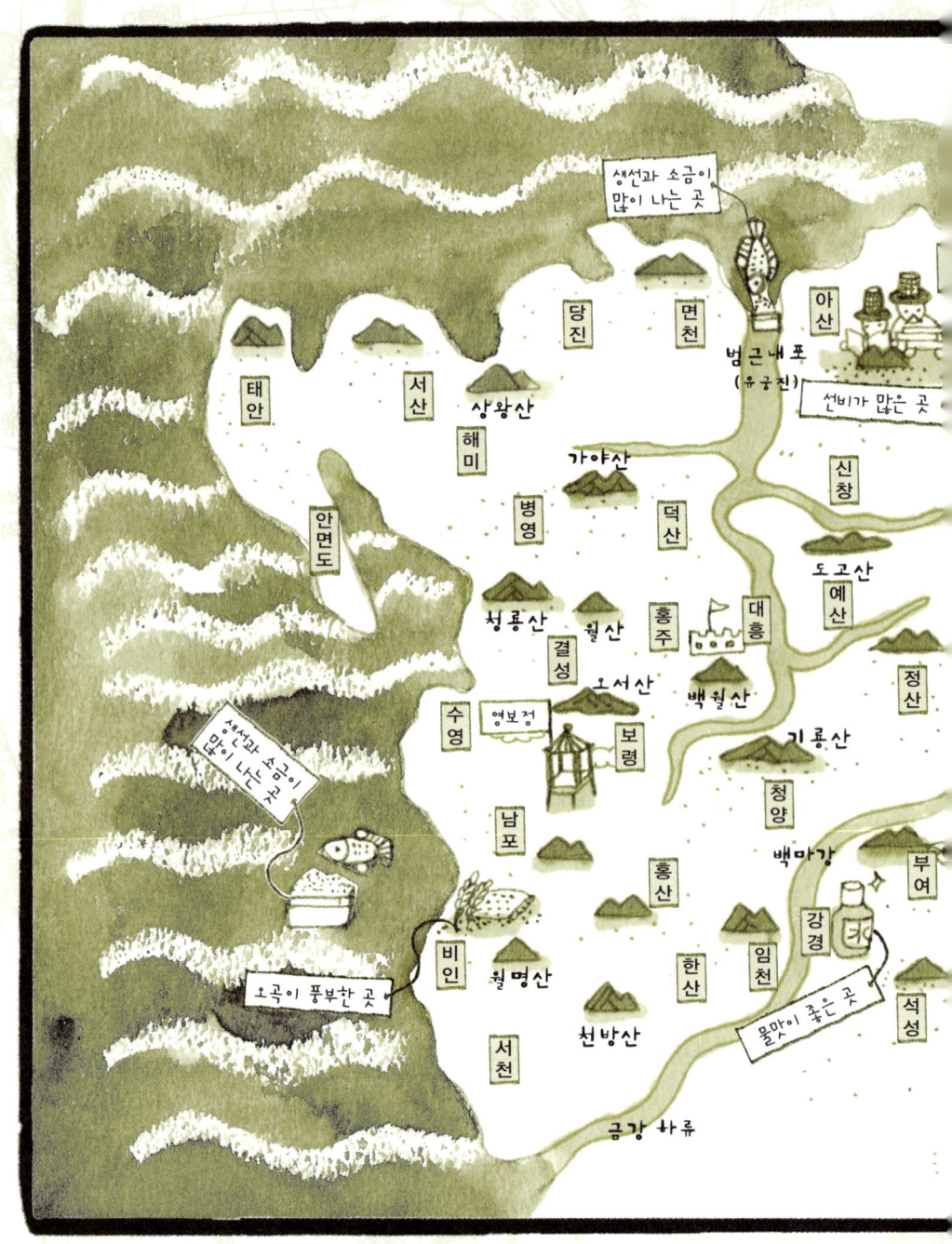

생선과 소금이
많이 나는 곳

당진

면천

아산

범근내포
(유궁진)

선비가 많은 곳

태안

서산

상왕산

해미

신창

가야산

안면도

병영

덕산

도고산

예산

청룡산

월산

홍주

대흥

정산

결성

오서산

백월산

생선과 소금이
많이 나는 곳

수영

영보정

보령

기룡산

청양

남포

백마강

부여

오곡이 풍부한 곳

홍산

강경

비인

월명산

한산

임천

석성

물맛이 좋은 곳

서천

천방산

금강 하류

【 충청도 】

새운령
가섭산 남한강 주악산 용두산 의림지
보현산 음성 제천
진천 청풍 한벽루 단양
소백산

탄금대
신립 장군 격전지

유령 월악산 목화가 많이 나는 곳
청안 괴산
박달산 주흘산
연풍
원성산

청주 거대령
구룡산

문의 회인
사송정
속리산
보은
마성산
옛 도읍
옥천 덕의산
회덕 청산

백화산
영동 황간

추풍령
적등강 황악산

서울 사대부들의 삶의 근거지, 충청도

사대부들이 모여 사는곳

충청도는 경기도와 전라도 사이에 있는데, 서쪽으로는 바다와 닿아 있고, 동쪽으로는 경상도와 접했으며, 동북부의 충주 같은 고을은 강원도의 남쪽으로 쑥 들어가 있다. 남쪽의 반은 차령 남쪽에 있어 전라도와 가깝고, 북부의 반은 차령 이북에 있어 경기도와 이웃한다.

물산이 풍성하기로는 경상도와 전라도에 미치지 못하나, 산천이 평탄하고 아름다울 뿐만 아니라 서울과 가까운 남쪽에 있어 사대부들이 모여 사는 곳이 되었다. 서울의 유력한 집안은 모두 충청도에 농토와 집을 두어 생활의 근거로 삼았다. 또한 풍속이 서울과 그리 다르지 않은 까닭에 골라 살기에 가장 알맞은 곳이다.

공주는 충청감사가 머무는 곳으로, 백제 말기 당나라 장수 유인원이 웅진도독부를 두었던 곳이다. 한양에서 삼백 리 떨어져 있으며, 차령 이남과 금강 남쪽에 자리하고 있다. 공주에서 금강을 건너고 차령을 넘어 천안과 직산을 거쳐 북으로 가면 경기도 양성에 이르고, 진위·수원·과천을 따라가면 서울에 이른다. 이 길을 따라가면 직산 이북은 모두 들이 흩어져 있고 땅이 메마르며 좀도둑이 많아서 살 만한 곳이 못 된다.

복 받은 땅, 내포

충청도에서는 내포가 가장 좋은 곳이다. 공주에서 서북쪽으로 이백 리 떨어진 곳에 가야산이 있다. 그 서쪽은 바다이고, 북쪽으로는 경기도의 바닷가 고을과 큰 만 하나를 사이에 두고 있는데, 곧 서해가 쑥 들어온 곳이다. 동쪽은 넓은 평야로서, 그 가운데에 유궁진이라는 포구가 있다. 이곳에서는 밀물 때가 아니면 배를 띄울 수가 없다. 그 남쪽으로 떨어져 있는 오서산은 가야산에서 뻗어 나온 줄기로, 오직 산의 동남쪽으로만 공주와 통한다.

내포란 가야산 일대에 자리한 열 개 현을 가리킨다. 지세가 나라의 한 귀퉁이에 멀리 떨어져 있는데다 큰 길목에 해당하지도 않아서 임진년과 병자년의 두 차례 난도 이곳을 비껴갔다. 이곳의 땅은 비옥하고 평탄하면서 넓다. 생선과 소금이 넉넉하여 부자가 많고, 대를 이어 사는 사대부도 많다. 그러나 바다와 가까운 곳에는 학질과 부스럼병이 많고, 산천이 비록 평탄하고 잘 짜여 있으나 수려한 맛은 적다. 또한 구릉, 마른 땅, 젖은 땅이 비록 아름답고 고우나 기이한 절경은 부족하다.

그중 오직 보령의 산수가 뛰어나다. 현의 서쪽에는 수군절도사의 군영이 있고, 영내에는 영보정이 있다. 호수와 산악의 경치가 아름답고 활짝 트여 명승지로 불린다.

보령의 북쪽으로는 결성(지금의 홍성군)과 해미가 있고, 서쪽으로는 큰 포구를 사이에 두고 안면도가 있다. 이 세 고을은 가야산 서쪽에 있다. 북쪽으로는 태안과 서산이 있는데, 강화도와 작은 바다를 사이에 두고 남북으로 마주본다.

서산 동쪽은 면천과 당진이고, 면천 동쪽으로 큰 포구를 건너면 아산이다. 또 북쪽 경사면은 경기도 남양의 화량과 작은 바다를 두고 서로 마주본다. 이 네 읍은 모두 가야산 북쪽에 있다.

가야산 동쪽에 있는 홍주와 덕산은 모두 유궁진 서쪽에 위치하는데, 포구의 동쪽에 있는 예산·신창과 함께 뱃길로 한양과 통하는 데 지름길이다. 홍주 동남쪽은 대흥과 청양인데, 대흥은 바로 백제 때의 임존성이다. 이들 열한 개 고을은 모두 오서산 북쪽에 있다.

서남 지방

오서산 앞의 한 줄기는 서남쪽으로 뻗어 성주산이 된다. 성주산 서쪽은 비인과 남포인데, 땅이 매우 기름지고 서쪽으로는 큰 바다와 닿아 있어 생선·소금·쌀에서 이득을 본다. 성주산 남쪽은 서천·한산·임천(지금의 부여군)인데, 진강(서천과 옥구 사이의 금강 하류) 변에 닿아 있다. 이곳의 풍토는 모시 재배에 적당하여 그 이익이 전국에서 으뜸이다. 강과 바다 사이에 위치하여 뱃길의 편리함도 한양에 뒤떨어지지 않는다. 진강 남쪽은 전라도와 경계가 된다.

성주산 동북쪽에는 홍산과 정산(지금의 청양면)이 있다. 홍산은 임천 북쪽에 있는데, 동쪽으로 강경과 강을 사이에 두고 있다. 정산은 청양 동쪽에 있어 공주와 경계를 이룬다. 이들 일곱 고을은 풍속이 거의 같고, 또한 대대로 이어 온 사대부 집안도 많다. 그러나 청양과 정산, 두 마을은 샘에 모두 나쁜 기운이 있어 살 만한 곳이 못 된다.

공주와 계룡산

공주는 경계가 매우 넓어서 금강 남쪽과 북쪽에 걸쳐 있다. 백성들 사이에서는 "첫째가 유성이고, 둘째가 경천이며, 셋째가 이인이고, 넷째가 유구다"라는 말이 전해 오는데, 이는 모두 살 만한 곳을 가리킨다.

공주 동남쪽 사십 리 지점에 있는 **계룡산**은, 전라도 마이산 줄기의 끝이며 금강 남쪽에 있다. 계룡산의

차령산맥 중의 연봉으로 공주, 논산, 대전에 걸쳐 있다. 계룡산이라는 이름은 주봉인 천황봉에서 연천봉, 삼불봉으로 이어지는 능선이 마치 닭볏을 쓴 용의 모습을 닮았다 하여 붙여진 것이다. 풍수지리에서 우리나라 4대 명산으로 꼽히며, 갑사·동학사·신원사 등 유서 깊은 큰 절이 있다. 《정감록》에 피난처의 하나로 적혀 있어, 한때 이곳을 중심으로 수많은 신흥 종교가 성하기도 했다.

한 가지가 서쪽으로 내려오다 크게 끊어져 판치가 되었고, 다시 일어나 월성산이 되었는데, 곧 공주의 주산이다.

금강은 동쪽에서 공주 북쪽으로 흘러가다가 다시 남쪽으로 구부러져 웅진·백마강·강경강이 되었고, 다시 서쪽으로 구부러져 진강이 되었다가 바다로 들어간다.

공주 동쪽에서 금강 남쪽 기슭을 돌아가다가 계룡산의 배후가 되는 곳에서 겹쳐진 고개를 넘으면 유성 큰 벌판이 되는데, 계룡산의 북동쪽 모퉁이에 해당한다. 조선 초기에 계룡산 남쪽 고을을 서울로 정하려 했으나 실행하지 못했다. 이 고을의 물은 들 한가운데를 가로질러 서쪽에서 동쪽으로 흐르는데, 진산(지금의 금산군)의 옥계와 만나 북쪽 금강으로 들어간다. 이 냇물이 갑천이다.

갑천 동쪽은 회덕현이고, 서쪽은 유성촌과 진잠현이다. 동서의 두 산이 남쪽에서 들판을 끼고 돌다가 북쪽에 이르러 만난다. 사방을 산으로 막아 들판 가운데를 둘러쌌는데, 평탄한 산이 구불구불 뻗었고 산기슭이 맑고 빼어나다. 남쪽으로는 구봉산과 보문산이 높이 솟았는데, 맑고 깨끗한 기상이 한양의 동쪽 교외보다 낫다. 논밭도 대단히 좋고 넓다. 다만 바다와 다소 멀어 서쪽 강경을 통해 교역한다. 강경과는 백 리를 넘지 않는다.

계룡산 서남쪽에는 네 고을이 있는데, 모두 큰 들 가운데 있다. 서쪽은 강경진을 경계로 하고, 북쪽은 공주와 인접한다. 계룡산의 연봉 가운데 한 가지는 서쪽으로 내려가 경천촌이 되었는데, 판치 남쪽에 있다. 땅이 기름지고 산이 웅대하며 백성들은 번성하고 물자 또한 넉넉하다.

계룡산 동쪽은 공주 대장촌이고, 서쪽은 이산과 석성 두 현이며, 남쪽은 연산과 은진 두 현이다. 이산과 연산은 산 가까이 있으면서도 땅이 비옥하고, 은진과 석성은 들판에 위치해 있으나 땅이 메말라 가뭄 피해를 자주 입는다. 이 네 고을은 경천과 통하여 넓은 들판이 되었고, 바닷물이 강경을 통해 드나들므로 들 가운데 여러 냇물과 골짜기로 배가 통하여 이익을 얻는다.

강경은 은진 서쪽에 있다. 들 가운데 작은 산 하나가 강가에 우뚝 솟아 동쪽을 향하고, 두 큰 강을 좌우로 받아들인다. 뒤로는 큰 강을 등져 조수와 통하나 물이 그리 짜지는 않다. 이 고을에는 우물이 없어서 온 고을이 큰 동이를 땅속에 묻고 강물을 길어 그 속에 부어 둔다. 며칠이 지나면 탁한 찌꺼기는 아래로 가라앉고 윗물은 맑아져 오래 두어도 변치 않으며, 오히려 갈수록 차가워진다. 수십 년간 속병을 앓던 환자도 일 년만 이 물을 마시면 병의 뿌리가 사라진다. 어떤 사람이 이렇게 말했다.

"강물과 바닷물이 서로 섞이는 곳에 있는, 반은 싱겁고 반은 짠 물은, 풍토병에 가장 좋은데, 그중에도 이 강물이 으뜸이다."

은진 동북쪽에 있는 사제천은 동남쪽으로 고산과 진산의 경계를 이루는데, 팔십 리 긴 골짜기에 모두 나쁜 기운이 깃들어 있어 살 만한 곳이 못 된다.

백제의 옛 서울, 부여

공주 서남쪽은 부여로, 백마강 가에 있으며 백제의 옛 서울이다. 조룡대 ·

낙화암 · 자온대 · 고란사 등은 모두 백제 때의 고적이며, 강가의 암벽은 기묘하면서도 맑고 깨끗하여 절경을 이룬다. 또한 땅이 대단히 기름지고 부자도 많다. 그러나 도읍지로 말하자면 터가 작고 좁아서 평양과 경주에는 미치지 못한다.

이인역은 부여 동북쪽, 공주 서쪽에 있다. 산과 들이 평탄하고 논이 기름져 살 만한 곳이라 할 수 있다.

금강 북쪽과 차령 남쪽은 땅이 비록 기름지지만 산이 살기를 품고 있다. 금강 가에는 사송정 · 금벽정 · 독락정이 있는데, **사송정**은 곧 우리 집 정자이고, 금벽정은 조상서의 별장이며, 독락정은 임씨 집안에 대대로 전해 오는 건물이다. 모두 멀리 산과 강을 바라볼 수 있는 경치가 좋다.

공주 서북쪽에 있는 무성산은 차령의 서쪽 줄기 끝으로, 산세가 빙 돌아든 가운데 마곡사와 유구역을 품고 있다. 골짜기에는 석간수(산골짜기 돌이 많은 곳에서 흐르는 맑은 시냇물)가 풍부하고, 논이 기름지며, 목화 · 수수 · 조를 가꾸는 데 알맞아, 사대부와 평민을 막론하고 이곳에 살면 흉년을 모른다. 또한 넉넉하게 사는 사람이 많아 유민이 되거나 떠나야 할 염려가 적어 좋은 땅이라 할 만하다. 지세는 산 위에서 끝을 맺었으나 언덕이

공주시 월송동의 금강을 바라보는 언덕 위에 있었는데, 대원군이 집정할 때 서원을 철폐하면서 함께 철거되었다. 그 후 오랫동안 이름으로만 남아 있다가 최근 공주시에서 정자를 복원했다. 이중환의 아버지 이진휴가 1701년에 충청도 관찰사로 임명되어 공주에 부임했는데, 이러한 사실과 관계가 있는 듯하다.

얇고 평평하여 험하거나 뾰족한 모양이 없고, 산 중턱 위로는 큰 돌이 없어서 살기가 적다. 그래서 (남사고)는 《십승기》에서 유구와 마곡의 강 사이를 병란을 피할 만한 땅으로 꼽았다.

서쪽으로 고개를 하나 넘으면 내포다. 내포는 목화 심기에 적당하지 않아 백성들이 생선과 소금을 가지고 유구에 와서 목화와 교환한다. 그러므로 공주에서도 오직 유구가 내포의

조선 명종 때의 학자로 역학, 풍수, 천문, 상법의 비결에 도통했다. 명종 말기인 1567년경에 1575년의 동인과 서인의 분당과 1592년의 임진왜란을 예언했다고 한다. 저서로 《선택기요》, 《격암유록》 등이 있다.

생선과 소금의 이권을 독점한다. 그런 까닭에 평시나 전시 모두 살 만한 곳이다. 그러나 지세가 산 위에 맺힌 형국이라 조산朝山(풍수지리에서 혈穴에서 가장 멀리 있는 용의 봉우리를 가리킨다)을 볼 수 없고, 맑고 빼어난 기상이 적다. 이것이 유구가 유성보다 못한 점이다.

통정대부에 오른 두 그루 나무

공주읍 북쪽에는 작은 산이 있는데, 강 위에 서리고 얽힌 모양이 마치 공公 자 같다. 공주라는 지명도 여기에서 생겨났다. 산세에 따라서 작은 성을 쌓고, 강을 호濠(성벽 바깥 둘레를 도랑처럼 파서 물을 괴게 한 것)로 삼아서, 지역은 좁으나 형세가 견고하다.

인조가 갑자년(1624년) 이괄의 난(인조 2년 인조반정의 공신이던 이괄이 일으킨 반란이다. 이괄은 자신이 2등 공신이 된 데 불만을 품고 난을 일으켜 서울까지 점령했다. 그러나 결국 관군에게 패하고 부하의 손에 살해당했다) 때 이곳으로 피난해 왔는데, 산 위에 두 그루 나무가 있어 임금이 매일 그 나무에 기대 북쪽 궁원의 들판을 바라보았다. 어느 날 말을 타고 달려오는 사람이 있어 물어 보니, 이괄의 군사를 이겼다는 보고였다. 임금이 대단히 기뻐하여 이 나무를 통정대부에 봉했다. 후에 관아에서 산 위에 작은 정자를 지었으나 나무는 죽고 정자만 남았다. 공주성 안에는 군량을 쌓아 두고 군수품을 닦아 두어 강화, 광주와 같이 특별히 중요한 땅이 되었다.

성 북쪽에 있는 공북루는 대단히 웅장하고 강에 임하여 경치도 좋다. 선조 때 서경 유근이 충청감사에 오른 뒤 이 누에 올라 시 한 수를 읊었다.

> 소동파는 적벽강에서 놀았으나
> 나는 지금 창벽에서 놀고,
> 유량은 남루에 올랐지만
> 나는 여기 북루에 올랐네.

창벽이 금강 상류에 있고 누의 이름이 공북루이기 때문에 이렇게 지은 것이다. 어떤 사람이 좋지 않은 시라고 했으나 서경 자신은 잘 지은 것이라 자찬했다고 한다.

속리산 일대

속리산의 한 줄기가 남쪽으로 달리다가 추풍령에서 크게 끊어졌다가 다시 솟아 황간의 황악산이 되었고, 전라도에 들어가서는 무주의 덕유산이 되었으며, 장수·남원 사이에서 끊어진 뒤 서쪽으로 나아가 임실의 마이산이 되었다. 이곳에서 다시 돌산 한 줄기가 거슬러 북쪽으로 달려가서는 주류산·운제산·대둔산이 되었고, 충청도에 들어가서는 금강을 등지고 계룡산이 되었으니, 남북을 통하는 한 줄기의 큰 산맥을 이루었다.

덕유산과 마이산 사이에 있는 동서 여러 고을의 내와 골짜기 물은 하나로 합쳐져서 금강의 근원이 되었는데, 이를 적등강이라 한다. 이 물이 남쪽에서 북쪽으로 흐르다가 옥천 동쪽에 이르러 다시 속리산의 물과 만나고, 서쪽으로 굽어 흐르면서 금강이 된다.

적등강 동쪽은 장수·무주·영동·황간·청산·보은이고, 서쪽은 진안·용담·금산·옥천이다. 장수·무주·금산·용담·진안은 전라도 땅이고, 옥천·보은·청산·영동·황간은 충청도 땅이다. 무주와 장수는 덕유산 아래에 있어 우거진 삼림과 깊은 골짜기가 많고 산세가 답답하다.

영동은 속리산과 덕유산 사이에 있다. 동쪽에 있는 추풍령은 덕유산에서 나온 줄기가 지나가다가 정기를 멈춘 곳이다. 이름은 비록 고개라고 하나 사실은 평지다. 그러므로 산이 비록 많다 해도 그리 깊거나 크지 않고, 또 평탄하지도 않다. 암석과 봉우리가 모두 빛나고 조화로운 기색을 띠고 있고, 시내와 샘물도 맑고 깨끗하여 사랑스러우며, 조잡하거나 급한 느낌이 없다. 땅 또

한 비옥하고 물도 풍부하여 관개에 적합하므로 가뭄의 피해가 적다.

청산 역시 그러하다. 청산은 북쪽으로 보은과 접했는데, 보은은 땅이 몹시 메마르다. 속리산 남쪽 증항 서쪽에 있는 관대(지금의 충북 보은군 마로면 관기리)는 들이 넓고 땅이 기름져 사람이 살 만하다. 두 고을은 모두 대추 농사에 알맞아 백성들이 대추 장사를 생업으로 한다.

보은 북서쪽에 있는 회인현은 첩첩 산골에 있다. 고을이 대단히 작기는 하지만 그 가운데 풍계촌은 살 만하다.

진안은 마이산 아래에 있는데, 땅이 담배 재배에 알맞다. 산꼭대기라도 이를 심으면 무성하게 자라지 않는 곳이 없으므로, 많은 백성들이 이를 업으로 한다.

북쪽에 있는 용담은 계곡과 산이 기묘하고 주줄천과 반일암이 있어 병란을 피할 만하다. 그 북쪽에는 금산이 있고, 또 그 북쪽에는 옥천이 있다. 금산과 옥천에는 돌산이 많은데, 두 곳 모두 들 한복판에 떨어져 있다. 옥천은 북쪽으로 금강과 닿아 있고, 서쪽으로는 회덕과 고개 하나를 사이에 두고 있다. 산수가 깨끗하고 흙빛 또한 밝고 뛰어나 한양 동쪽 교외와 비슷하다. 그러나 들판이 대단히 메마르고 논도 수확이 적어 백성들은 목화 재배만을 업으로 삼는다. 땅이 목화 재배에 가장 알맞기 때문이다. 그러나 예로부터 문장가들이 많이 배출되었는데, 학사 남수문과 우암 송시열이 모두 이 고을 사람이다.

금산 동쪽 경계는 적강이고, 서쪽 경계는

조선 초기의 문신. 세종 8년 과거에 급제한 뒤 집현전에 들어가 활동했다. 문장이 뛰어나 세종의 왕자들에게 글을 가르쳤고, 관직 생활 내내 집현전과 예문관을 떠나지 않았다. 술을 매우 즐겼는데 세종이 그의 재주를 아껴 술 석 잔 이상을 마시지 못하게 했다는 일화가 있다.

대둔산인데, 그 사이에 조계와 진락 두 산이 있다. 또 큰 내가 많아서 물대기가 쉬워 논밭이 기름지며, 경치가 뛰어나 열 개 읍 가운데 살기에 가장 좋다.

속리산은 청주에서 동쪽으로 백 리 되는 곳에 있다. 속리산 위에서 발원한 물 가운데 동쪽으로 흐르는 것은 경상도의 낙동강으로 들어가고, 서쪽으로 흐르는 것은 금강으로 들어가며, 북쪽으로 흐르는 것은 충주의 달천이 되어 한강으로 들어간다. 산맥의 한 줄기는 북으로 뻗어 거대령이 되었고, 달천을 끼고 서북쪽으로 경기도 죽산 경계에 이르러서는 칠장산이 되었다.

칠장산에서 한강을 따라 서북쪽으로 달려간 줄기는 흩어져서 한강 남쪽의 여러 산이 되었고, 서남쪽으로 뻗어 나간 줄기는 따로 한 영맥이 되었다. 이 산줄기가 진천에서는 대문령, 목천에서는 마일령이 되었고, 전의읍 서쪽에서 크게 끊어져 평지가 되었다가 금강 북쪽에 이르러 차령이 되었다. 또 서쪽으로는 무성산과 오서산이 되었고, 남쪽으로는 임천과 한산에서 그쳤으며, 북쪽으로는 태안과 서산에 이르렀다. 마일령 동쪽과 거대령 서쪽 중간에는 큰 평야가 펼쳐져 있고, 동쪽과 서쪽 두 산에서 흘러내리는 물은 들 가운데에서 합쳐져 작천이 되었다. 작천은 진천 칠정의 동쪽에서 발원하여 금강 상류의 부용진으로 흘러들어 간다.

청주와 정도전

작천 서쪽 서산 옆에는 목천·전의·연기가 있고, 동쪽 동산 옆에는 청안·청주·문의가 있다. 그중 가장 큰 고을인 청주는 공주에서 동북쪽으로 백 리 되는 지점에 있다. 고을은 거대령 아래 있는데, 작천의 서쪽을 넘어 목천과 연기 사이를 지나 서산에서 그친다.

서산 일대를 휘돌아 남쪽으로 뻗은 산은 모두 다 흙산으로 돌이 없다. 이 산줄기가 작천 서쪽에서 휘돌아 북쪽으로는 목천과 전의에, 남쪽으로는 연기까지 이른다. 산 빛이 아름답고 들의 형세가 겹겹이 쌓여 풍수가들은 살기를 벗었다고 한다. 금산·옥천과 비교한다면 훨씬 평탄하고, 오곡과 면화 재배가 수월하다.

작천 동쪽은 큰 들판으로, 동남쪽으로 사십여 리나 뻗어 있다. 들판 가운데에는 산 하나가 솟아 있는데, 봉우리가 여덟이라 하여 팔봉산이라 부른다. 남쪽에서 서북쪽으로 뻗었고, 산기슭이 들판 가운데 자리 잡았으며, 동쪽으로는 거대령과 마주한다. 흰 모래, 얕은 내, 평탄한 언덕, 아름다운 산기슭이 마치 경기도의 장단읍과 비슷하다. 그러나 서쪽으로 지세가 낮아 강물이 높아지면 해마다 언덕이 무너질까 봐 걱정한다.

고려 말에 정도전이 재상으로 있으면서 태조의 모사 노릇을 했는데, 목은 이색과 도은 이숭인과 같은 어진 선비들을 꺼려 그들을 유배지에서 청주 감옥으로 강제로 데려와 관원을 보내 문초하도록 했다. 그런데 문초하려고 하자 마침 큰비가 내려 얼마 되지 않아 성문까지 물이 차올라 성 뜰에 이르렀다. 관리와 죄인들은 뜰의 나무에 올라 겨우 죽음을 면했다. 이 사실을 알게 된 태조는 그들의 원통함을 깨닫고는 석방을 명했다. 그러나 이숭인은 정도전에게 미움을 받아 끝내 죽임을 당했다.

이곳은 동쪽이 높고 북쪽이 낮아 항상 은은한 살기가 감돈다. 고을에는 병마절도영을 두었는데, 무신년(1727년)에 이르러 역적 이인좌가 밤에 습격하여 병사 이봉상과 영장 남연년을 죽이고 성을 근거로 (반역)을 일으켰다. 그리고 같은 패인 신천영申天永을 병사로 삼고 고을 군사를 모두 일으켜 북상하다가 경기도 안성에 이르러 순무사 오명항에게 패했다.

영조 4년 정권에서 소외된 소론과 남인의 과격파가 연합하여 무력으로 정권 탈취를 기도한 사건이다. 이인좌는 과격한 소론파로, 영조가 즉위한 뒤 소론이 정권에서 소외되자 스스로 대원이라 칭하고 청주성을 공격하여 난을 일으켰다. 그러나 십여일 만에 관군에게 패하여 능지처참을 당했다.

동쪽으로 거대령을 넘으면 상당산성이 있고, 그 동쪽에는 청천창이 있다. 청천창 서쪽은 신씨의 촌락이고, 남쪽으로 작은 고개를 넘으면 인풍정과 옥류대가 있는데, 변씨들이 사는 곳이다. 이곳은 큰 산 사이에 있어 계곡과 암석이 제법 그윽한 경치를 이룬다. 동쪽으로 큰 내 건너편에 있는 구만도 시내와 산이 아주 아름답다. 상당과 청천을 통틀어 산동이라 부르는데, 지대가 산 위에 있고 바람이 차가워 청주 들판에는 미치지 못한다.

남쪽에는 속리산이 있고, 동쪽은 선유산으로 막혔으며, 북쪽에는 속리산에서 북으로 뻗친 줄기가 둥글게 감싸고 있다. 북쪽은 가로막혔고 남쪽은 통하는데, 그 안에 이름난 촌락이 많다. 이 지방에서는 철이 나고 또 관곽과 궁실용 재목도 넉넉하여 평야의 백성들이 모두 이곳에서 교역한다.

청천에서 동북쪽으로 수십 리 되는 곳에 송면촌이 있다. 문경·괴산·청주 세 고을의 교차점에 위치하며, 시내와 산이 대단히 아름답다. 청천 남쪽에 있는 용화동은 서남쪽으로 속리산과 매우 가까우면서도 그리 험하지 않다. 작은 들이 펼쳐져 있으나 땅이 너무 메마르다. 산골짜기에는 백성들이 사는 마을이 있고, 그 남쪽에는 율치가 있다. 용화산에서 내려오는 물은 청천에서 속리산 물과 합쳐져 북쪽으로 괴산의 송계로 흘러드는데, 남북 위아래로는 물을 따라 경치 좋은 곳이 많다.

북쪽 진천은 청주와 비교하면 들이 적고 산이 많으며, 산과 골짜기가 겹겹이 쌓여 있고 큰 내도 많다. 그래서 답답함을 없애 줄 만한 기운은 없으나, 땅이 꽤 기름지다. 서북쪽으로 대문령을 넘으면 안성과 직산에 이르는데, 바다에서 겨우 백 리쯤 떨어져 있는 까닭에 생선과 소금을 쉬이 얻을 수 있다. 문의는 남쪽으로 형강에 닿아 있는데, 산은 울창한 빛이 적으나 강 가까이 경승지가 많다. 다만 청안의 산수는 촌스러워 살 곳이 못 된다.

천안과 아산

목천의 마일령 서쪽에서 내포의 동쪽까지, 그리고 차령의 북쪽으로 걸쳐 있는 천안·직산·평택·아산·신창·온양·예산 일곱 고을은 풍속이 거의 같다. 남쪽은 산골로서, 산골 가까운 곳은 땅이 기름져 오곡과 목화 재배에 적당하다. 북쪽은 바닷가로서, 바닷가 가까운 곳은 거친 땅과 기름진 땅이 반반이다. 비록 소금과 생선이 많이 나고 뱃길이 편하기는 하지만 목화 재배에는 적당하지 않다.

천안과 직산은 남북으로 통하는 큰길가에 있다. 직산에서 평야 지대를 이십 리쯤 가면 평야가 끝나는 곳에 소사하가 있으며, 이곳 북쪽이 곧 경기도의 남쪽 경계다.

선조 정유년(1597년)에 왜군이 남원에서 명나라 장수 양원을 물리치고 전주를 지나 공주까지 진격했는데, 병력이 매우 강했다. 당시 명나라 장수 형개는 총독으로 요동 지방에 머물러 있었고, 경리 양호는 십만 대군을 이끌고 평양에 이르렀다. 양호가 연광정 위에서 저녁을 먹고 있는데 급보가 날아왔다. 그는 젓가락을 놓고 대포 소리를 낸 뒤 즉시 남쪽으로 달렸다. 기병이 먼저 따르고 보병이 뒤를 이었다. 그리하여 평양에서 한양까지 칠백 리 길을 하루 낮이틀 밤 만에 달려왔다.

양호는 달단족 출신의 장수인 해생 · 파귀 · 새귀 · 양등산으로 하여금 철갑옷을 입은 기병 사천 명을 거느리게 한 뒤, 원숭이 수백 마리를 이들 사이에 섞어 들판이 끝나는 소사하 다리 밑에 숨어 있게 했다. 그때 왜군이 직산을 거쳐 북쪽으로 진격해 오는데, 마치 우거진 숲과 같았다. 왜군이 백 보 앞으로 다가오자 먼저 원숭이를 풀어놓았다. 원숭이들은 말을 타고 채찍질을 가하며 왜군 진영으로 뛰어들었다. 왜국에는 본래 원숭이가 없으므로 왜군은 사람 같으면서도 사람이 아닌 듯한 원숭이를 처음 보고 괴이히 여겨 앞으로 나아가지도 못하고 멍하니 바라보기만 했다.

왜군 진에 가까이 간 원숭이들은 말에서 내려 온 적진을 휘젓고 다녔다. 왜군들은 원숭이를 잡으려 했지만 좀처럼 잡히지 않았다. 적진이 어지러워지자 네 장수는 기병을 풀어 공격했다. 왜군들은 총과 화살 한번 쏘아 보지 못

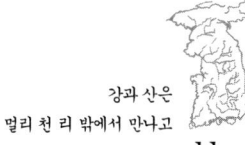

하고 남쪽으로 달아날 수밖에 없었다. 들은 왜군의 시체로 가득했고, 이 소식을 들은 양호는 군사들을 격려하여 경상도 바닷가에 이르렀다.

왜적이 침략한 이래 그처럼 큰 승리를 거둔 적은 없었다. 양호의 지략과 적절한 방책은 이여송이 평양에서 거둔 승리보다 더 컸다. 그러나 주사 정응태라는 자는 양호가 자신에게 알리지 않고 홀로 공을 세운 것을 시기하여 그의 승리가 거짓이라고 무고했다. 결국 양호는 탄핵을 받고 본국으로 돌아갔다. 이 한 가지 사실만 보더라도 명나라 조정이 어쩔 수 없게 된 것을 알 수 있다.

그후 선조가 사신을 보내 양호가 무고당한 것을 변호했고, 정응태는 결국 관직을 그만두게 되었다. 그러나 그는 **동림당**에 가담했고, 그의 아들이 아비의 일을 동림당에 호소했다. 목재 전겸익이 그 말을 믿고 자신의 문집에 정응태가 옳다고 기록했으니, 동림당의 허술함과 군자가 쉽게 속는 것을 알 수 있다. 지금도 들에서 밭가는 농부들이 가끔 창이나 칼을 얻는다고 한다.

송나라 때 세운 동림서원은 명나라 고헌성에 의해 중수되었다. 학문을 강론하는 곳이었으나 차츰 정사와 인물을 평하면서 많은 사대부들이 따랐고, 드디어 동림당이라는 명칭이 생겨났다.

유궁포의 물은 북쪽에 이르러 소사하와 만나는데, 두 강 사이에 아산현이 있다. 칠장산 큰 줄기가 직산 성거산에 이르러 들판 가운데로 한 줄기를 뻗어 내렸는데, 이 줄기는 성환역을 지나 아산의 영인산에서 그쳐 마을의 진산이 되었다. 이 산은 동남쪽에 자리하면서 서북쪽을 향했는데, 소사하의 하류가 이곳에 이르러 산 앞에서 감돌아 머문다. 산 뒤로는 곡교천 큰 줄기가 동남쪽에서 흘러 내려와 서북쪽에서 합쳐져 큰 호수가 되었다. 호수 남쪽의 산은 신창에서 뻗어 온 것이고, 호수 북쪽의 산은 수원에서 뻗어 수구를 감싸 안아서 대문과 같이 되었다. 강물이 문을 나서면 곧 유궁포 하류와 만난다. 영공산은 큰 배가 돛을 단 것과 같은 형상으로, 산 전체가 모두 돌이고 중류에 우뚝 솟은 모습이 마치 발해의 갈석산과도 같다.

조정에서는 영인산 북쪽 바다 끝에 창고를 설치하고, 충청도 근해 여러 고을의 조세를 거두어 해마다 배로 서울로 보내므로 이 호수를 공세호라 부른다. 이곳은 원래 생선과 소금이 넉넉하고 또 조창(강이나 바다를 이용해 수송할 세곡을 쌓아 두는 창고)이 있기 때문에 백성들과 장사꾼들이 모여들어 부유한 집이 많다. 조창이 있는 마을만 그런 것이 아니다. 영인산이 두 강 사이에 솟아 기맥이 풀어지지 않아서 산의 전후좌우가 모두 이름난 마을이며 사대부 가문도 많다.

유궁포 동서쪽 여러 고을에는 모두 장삿배가 드나드는데, 그중 오직 예산이 장사치들이 거래하는 도회지가 되었다. 차령에서 서쪽으로 뻗어 나간 줄기는 북쪽으로 떨어져 광덕산이 되었고, 다시 뻗어서 설라산이 되어 온양 동쪽에 위치한다. 민중 보전의 호공산과 같이 하늘 높이 솟아 그 모습이 홀笏(벼슬아치가 임금을 만날 때 손에 쥐던 물건으로, 상아홀과 목홀이 있다)처럼 우뚝하다. 이 산을 '동남쪽에 있는 길한 방위'라고 하는 것은, 아산과 온양 등 여러 고을에서 학문으로 이름을 드높인 선비들이 많이 났기 때문이다.

한강 상류 지대, 충주

충주는 청주에서 동북쪽으로 백여 리 되는 지점에 있다. 청주에서 청안의 유령을 넘어 괴산을 지나 달천을 건너면 읍내인데, 한양 동남쪽에서 삼백 리에 있다. 속리산 구요팔곡(속리산 아래에서 법주사까지 가는 산길)의 물은 북쪽으로 청주 산동에 이르러 청천이 되었고, 괴산에 이르러 괴강이 되었으며, 충주읍 서쪽에 이르러 달천이 되었다가, 북쪽으로 금천 앞에 이르러서는 청풍강과 만난다.

임진년에 명나라 장수가 달천을 지나다가 물맛을 보고는 "여산(중국 강서성 북부 구강 남쪽에 있는 산)의 폭포수와 같다"라고 했다. 고을이 한강 상류에 위치하여 수로로 왕래하는 데 편하므로, 예로부터 서울의 사대부들이 이곳에 많이 살았다.

달천에서 남쪽으로 거슬러 올라가면 괴강에 이르고, 동쪽으로 거슬러 올라가면 청풍에 이르는데, 사대부의 정자가 많고 의관을 갖춘 자들이 모이며 배와 수레 또한 모여든다. 또 국도의 동남쪽에 위치하면서 한 고을에서 과거에 급제하는 자가 많기로는 팔도 여러 읍 중 으뜸이니, 이름난 도시라 부를 만하다.

경상좌도에서 서울을 가려면 죽령을 넘어 이 고을로 통하고, 우도에서는 조령을 넘어 이 고을로 통한다. 두 고개의 길이 모두 이 고을로 모여서 물길이나 육로로 한양과 통한다. 고을이 경기와 영남으로 가는 요충지에 해당하므로 유사시에는 반드시 격전지가 된다. 실제로 나라의 한복판에 위치하여 마치 중국의 형주, 예주와도 같다.

임진년에 (신립) 장군이 왜군에게 패한 곳도 이곳이다. 이곳은 항시 살기가 충천하고 햇빛도 보이지 않는다. 지세가 서북쪽으로 쏟아지듯하여 정기가 모여 쌓이지 않으므로 부귀한 자가 적고, 백성이 많아 항상 구설이 많고 경박하여 살 만한 곳이 못 된다. 그러나 이는 충주읍에 국한해서 하는 말이다.

조선 중기의 무신. 23세에 무과에 급제한 뒤 야인 정벌에 공을 세워 조정의 신임을 받았다. 임진왜란 때 삼도순변사가 된 그는, 좌우의 만류에도 충주성 근처 탄금대에 진을 치고 왜군을 맞았다. 그러나 고니시를 내세운 왜군의 대대적인 공격에 결국 무릎을 꿇었고, 책임을 통감한 그는 남한강에 투신하여 스스로 목숨을 끊었다.

속리산 줄기

충주 읍내에서 서쪽으로 달천을 건너면 속리산이고, 속리산에서 북쪽으로 뻗은 한 줄기가 음성현 서쪽에서 우뚝 솟아 가섭산과 부용산이 되었다. 이 산 줄기의 하나가 금천에서 끝나고, 다른 한 줄기는 가흥에서 끝나며, 남은 줄기는 달천 서쪽을 돈다. 이 땅은 오곡과 목화 재배에 알맞고, 땅도 매우 기름지다. 산이나 계곡에도 마을이 발달하고 부유한 자가 많다. 그중에도 금천과 가흥이 가장 번성하다.

금천은 마을 앞에서 두 강이 만나 북쪽으로 돌아 나가, 동남쪽으로는 영남의 물자를 받아들이고, 서북쪽으로는 한양의 생선과 소금을 받아들인다. 이 때문에 여염집이 즐비하게 늘어서 있어 마치 한양의 여러 강 마을과 비슷하다. 항구에도 배의 고물과 이물이 잇달아서 큰 도시를 이루었다.

가흥은 금천 서쪽 십여 리 되는 곳에 있는데, 동남쪽에서 서북쪽으로 강이 흐르고 남쪽 기슭에 마을이 있다. 부용산 한 줄기가 강을 거슬러 우뚝 솟아 장미산이 되었는데, 가흥의 진산이다. 조정에서는 이곳에 조창을 두어 영남의 일곱 고을과 충청도 일곱 고을의 조세를 거두어 수운판관으로 하여금 뱃길로 서울로 실어 나르게 한다. 백성들은 객주업(조선 시대에 다른 지역에서 온 장사치들의 거처를 제공하며 물건을 맡아 팔거나 흥정을 붙여 주는 일)을 하며 쌀이 드나들 때 이익을 노려 때로 큰 이익을 본다. 또한 두 고을에는 과거를 통해 높은 벼슬을 지낸 집안도 많다.

가섭산 줄기 밖에서 속리산 서쪽으로 뻗은 줄기를 소속리산이라 한다. 이곳에서 한 줄기가 거슬러 올라가 옥장산과 팔성산이 된 뒤 말마리에서 그친다. 이곳은 기묘사화 때의 명현인 십청 김세필이 벼슬에서 물러나 살던 곳으로, 지금도 그 자손이 대를 이어 살고 있다. 수백 호의 민가는 모두 넉넉하게 자급자족하며 생활한다. 마을 앞에 큰 내가 있어 논에 물을 댈 수 있으므로 수확이 많다. 그래서 예부터 흉년을 모른다. 한양과 이백 리 거리이고, 여주와도 강으로 통해 참으로 살 만한 곳이다. 이곳 백성들은 금천, 가흥, 말마리와 함께 강 북쪽의 내창을 충주의 4대 촌이라 한다.

탄금대와 목계

충주읍에서 서북쪽으로 칠 리쯤 되는 곳에 작은 산 하나가 두 강이 합해지는 곳에 솟아 있다. 이곳은 신라 때 우륵이 거문고를 타던 곳으로, **탄금대**라 부른다. 탄금대에서 강을 건너 북쪽으로 가면 북창에 이르는데, 강과 접한 이곳은 바위의 경치가 좋다. 북창 서쪽은 기묘사화 때 명현인 탄수 이연경이 살던 곳이다. 그 자손들이 십 대에 걸쳐 그치지 않고 과거에 급제하자 사람들은 이곳을 강가의 명당이라고 한다.

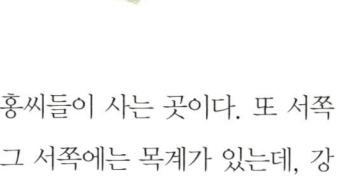

남한강 상류와 달천이 합류하는 지점에 위치한다. 가야국의 악성인 우륵이 신라에 귀화한 뒤 진흥왕 앞에서 곡을 연주하니 왕이 감동하여 충주에 살게 했다. 우륵은 그를 보호하던 계고에게는 가야금을, 법지에게는 노래를, 만덕에게는 춤을 가르치며 틈날 때마다 이곳의 바위에 앉아 가야금을 탔다.

강을 따라 서쪽으로 가면 월탄이 있는데, 홍씨들이 사는 곳이다. 또 서쪽에 있는 하담은 판서 김시양이 살던 곳이다. 그 서쪽에는 목계가 있는데, 강을 내려오는 어염선이 정박하며 세를 내는 곳이다. 동해의 생선과 산간의 화물이 이곳에 모이므로, 백성들이 모두 장사하여 부자가 많다.

목계 서쪽은 청룡사 골짜기이며, 서쪽은 원주와 닿아 있다. 동쪽 북창에서 서쪽 청룡사에 이르는 지역을 아울러 강북이라고 하는데, 강가의 경치는 좋지만 땅이 메말라 큰 강 이남과 달천 서쪽 기름진 땅에는 미치지 못한다. 목계 북쪽 십 리 지점에 있는 내창촌은 천 년을 이어온 이름난 마을로, 산중에 들판이 펼쳐져 있고 바람 또한 아늑하여 사대부들이 대를 이어 많이 산다. 동쪽은 월은령과 이웃하고, 고개 동쪽은 곧 제천과 경계다.

충주 동쪽은 청풍부인데, 강가에 한벽루가 있다. 그 모양이 대단히 시원하고 그윽한 정취가 있어 강 상류에서 이름난 누각이라 할 만하다. 청풍부의 서쪽에 있는 황강촌은 수암 권상하(송준길과 송시열의 문인으로, 붕당의 회오리 속에서도 오직 학문에만 전념하여 기호학파의 학통을 계승했다)가 살던 곳이다. 청풍 동쪽은 단양이고 단양 북쪽은 영춘인데, 이 세 고을은 모두 시내의 골짜기가 높고 험하며 들판 또한 적다.

제천과 연풍

충주 동북쪽의 제천은 고을 사면이 산이다. 산 위에 터를 잡았는데, 넓은 들이 펼쳐져 있고 산이 낮고 밝아서 많은 사대부들이 대를 이어 살고 있다. 그러나 지형이 높아 바람이 차고 땅이 척박하여 면화를 가꾸지 못해 부자가 적고 가난한 자가 많다.

북쪽에는 의림지가 있는데, 신라 때 큰 제방을 쌓고 물을 막아서 온 고을의 논에 물을 대었다. 의림지 서쪽에 있는 후선정은 김씨 집안의 것으로, 비록 영동의 여러 호수에는 미치지 못하나 배를 띄워 놀기에는 족하다. 제천 북쪽은 평창과 가깝고, 동쪽은 영월과 잇닿아 있다. 많은 산과 깊은 골짜기가 있으니, 참으로 난리를 피할 만한 곳이다.

충추 남쪽에 있는 연풍은 높은 벼슬을 지낸 자는 내지 못했지만 땅이 기름지고 관개하기가 쉬워 목화 재배에 알맞다. 연풍 서쪽은 괴산으로, 조령과 유령 두 고개 사이에 있어 지세가 비좁고 협소하다. 그러나 살기는 다소 벗었다. 동쪽으로는 큰 강과 닿아 있어 경치 좋은 곳과 이름난 마을이 많고, 높은 벼슬을 지낸 자도 많다. 땅은 오곡과 면화 농사에 적당하다. 북쪽은 금촌과 가까워 또한 살 만하다. 여기에서 동쪽으로 조령을 넘으면 문경에 이르고, 서쪽으로 유령을 넘으면 음성이며, 그 서쪽으로는 경기도의 죽산 · 음죽과 경계를 이룬다.

송악산

오관산

장단

고려 도읍지

도읍지

최영 장군의 사당

개성

풍덕

덕적산

임진강

파주

백마산

승천포

삼각산

백악산

임진나루

교하

고양

안왕산

교동도

통진

한강

강화

갑곶나루

김포

마니산

부평

양천

관악산

남산

인천

백제 온조왕의

연흥도

안산

대부도

광교산

소금이 많이
나는 곳

남양

수원

천덕

【경기도】

삭령
연천
영풍
해룡산
포천
천관산
운악산
화악산
가평
팔봉산
북한강
용문산
양근
지평
남한강
광주
원적산
신륵사
이천
여주
백애촌
세종대왕릉
양지
대덕산
음죽
조암산
안성
죽산
백족산
칠장산

강물은굽이굽이 서해로 흘러들고, 경기도

동방의 성인을 장사 지낼 곳, 여주

충주 서쪽은 경기도 죽산과 여주의 접경이다. 죽산의 칠장산은 경기도와 충청도의 경계에 우뚝 솟았는데, 서북쪽으로 뻗어 나가다 수유현에서 크게 끊어져 평지가 되었고, 이어 다시 일어나 용인의 부아산·석성산·광교산이 되었다. 광교산 서북쪽에 이르러서는 관악산이 되었고, 서쪽으로 곧게 나아가 수리산이 되어 서해로 들어갔다.

죽산에서는 또 한 줄기가 갈라져 북쪽으로 음죽을 지나 여주 영릉에서 그쳤다. 이곳은 장헌대왕 세종을 모신 땅이다. 땅을 열 때 옛 표석을 얻었는데, "마땅히 동방의 성인을 장사 지낼 곳이다"라는 말이 새겨져 있었다. 풍수사들은 회룡자좌回龍子坐에 신수입진申水入辰(돌아오는 산맥이 북쪽을 등지고 정남향으로 앉았고, 서북방 물이 정동으로 흘러드는 지형)이라 하여 여러 능 가운데 으뜸으로 친다.

죽산 남쪽에는 구봉산이 있다. 산봉우리로 둘러싸여 산성을 만들 만한데, 기호 지방(서울을 중심으로 한 경기도 일대와 황해도 남부, 충청남도 남부)으로 통하는 큰길

한복판을 차지하고 있다. 죽산 서쪽에서 양지를 지나면 산줄기가 흩어져 한 강 남쪽의 여러 고을이 되었는데, 촌락이 쇠퇴하고 산수가 밝지 못하여 살 만한 곳이 없다. 물길로는 충주에서 강을 따라 서쪽으로 내려가면서 원주·여주·양근을 돌아 광주 북쪽에서 용진과 만난 뒤, 한양의 앞 강이 된다.

여주읍은 강 남쪽에 위치하는데, 물길로나 육로로나 한양에서 이백 리도 채 떨어져 있지 않다. 고을 서쪽에는 백애촌이 있는데, 한 구비 강이 동남쪽에서 북동쪽으로 흘러들어 마을 앞을 가로지른다. 이곳이 강 주변에서 첫째가는 터다. 수구가 막혀 강이 어디로 흘러 나가는지 알 수가 없다. 읍과 촌이 평야로 통하여 동남쪽이 확 트였고 기색이 상쾌하다. 두 마을에는 대를 이어사는 사대부 집안이 많다. 백애촌 사람들은 농사 대신 배를 통해 장사하는 데 힘쓰는바, 그 이익이 농사짓는 것보다 낫다.

읍내에 있는 청심루는 강과 산의 경치가 매우 뛰어나다. 강 북쪽에는 신록사가 있고, 절 옆에 강월헌이라는 정자가 있는데, 강가 바위의 풍치가 절경이다. 강 남쪽 기슭에는 마암이라는 바위가 있는데, 전설에 의하면 그 밑에 온 몸이 검은 용이 있다고 한다.

경기도 여주군 봉미산 기슭에 있는 절. 원효가 창건했다고 하나 정확하지 않다. 이 절은 고려 우왕 때 나옹이 입적할 때 오색구름이 산마루를 덮고 수많은 사리가 나오며 용이 호상을 하는 이적이 나타난 뒤로 크게 되었다. 나옹의 화장터에 세운 삼층 석탑 옆에는 강월헌이라는 육각 정자가 있다. 강월헌은 나옹의 당호다. 사진은 나옹선사의 부도다.

여주읍 남쪽에 있는 이천과 음죽은 그 풍속이 비슷하다. 북쪽으로는 지평과 양근이 있는데, 강원도 홍천과 맞닿아 있다. 산이 흩어지고 골이 깊어 사람 살기에는 적당하지 않다. 양근 용문산 북쪽에 자리한 미원촌은 옛날 정암 조광조가 이곳 산수를 사랑하여 살고자 했던 곳이다. 내 일찍이 그곳에 가본 적이 있는데, 산속이 꽤나 넓게 열려 있기는 하나 지세가 깊이 막혀 있다. 공기 역시 차갑고, 사방의 산도 부드럽지 못하며, 시내 또한 메말라 좋은 땅이 아니다.

남한산성 이야기

여주 서쪽은 광주 석성산인데, 그 한 자락이 북쪽으로 뻗어 한강 남쪽까지 이른다. 광주의 성읍은 만 길이나 되는 높은 산꼭대기에 있는데, 백제 시조 온조왕의 옛 도읍지다. 성안은 평탄하고 그리 높지 않으나, 성 밖은 대단히 험하고 높다. 청나라 군사가 처음 이곳을 공격할 때 칼 한번 써보지 못했고, 병자호란 때도 끝내 성을 함락하지 못했다. 인조가 성을 나와 항복한 것도 성안의 식량이 떨어지고 강화도가 함락되었기 때문이다.

사태가 안정되어 가자 이곳을 요충지라 여긴 인조는 아홉 개의 절을 세우고 승려들로 하여금 굳게 지키게 하고는, 두루 다스릴 만한 사람을 두어 대장으로 삼았다. 해마다 전국의 여러 절에서 뛰어난 승려를 뽑아 아홉 절에 머물게 하여 지키게 했고, 매달 활 쏘는 일을 과제로 내어 우수한 자에게는 후한 녹봉을 상으로 주었다. 그러자 승려들이 오로지 활쏘기를 일로 삼았다. 조정에서는 승려의 수가 많으므로 그들의 힘을 빌려 성을 지키려고 했던 것이다.

성안은 그리 험하지 않지만 성 밖 산기슭은 매우 급하여 살기를 띤다. 그런 까닭에 중요한 방위선의 구실을 하는바, 난리가 나면 반드시 전쟁터가 된다. 그러므로 광주 일대는 살 만한 곳이 못 된다.

바닷길의 요충지, 강화

광주 서쪽은 수리산으로, 안산 동쪽에 있다. 이곳에서 서북쪽으로 뻗은 산맥은 수리산 줄기에서 가장 길다. 이 줄기가 인천·부평·김포·통진을 거치면서 움푹 꺼진 돌줄기가 되었다가 강을 건너 다시 솟아나 **마니산**이 되었는데, 이곳이 강화부다. 강화부는 동북쪽으로는 강으로 둘러싸이고 서남부쪽은 바다로 둘러싸인 큰 섬으로, 한강 수구의 나성

(안산 너머에 있는 여러 봉우리)이다.

한강은 통진 서쪽에 닿은 뒤 남쪽으로 굽어 갑곶나루가 되었다가, 다시 남쪽으로 흘러 마니산 뒤 움푹 꺼진 곳에 이른다. 이곳에서는 돌 줄기가 물 가운데로 가로놓여 문지방 모양을 하는데, 그 한가운데가 좀 들어가 있다. 이곳이 곧 손돌목이고, 그 남쪽이 서해다. 삼남에서

경기도 강화군 화도면에 있는 산. 한반도의 중앙에 자리하고 있어서 한라산과 백두산까지의 거리가 같다. '마리산'이나 '머리산'이라고도 불리며, 산꼭대기에는 단군이 하늘에 제사 지내기 위해 마련했다는 첨성단이 있다.

조세를 실은 배가 손돌목 밖에 이르러 만조가 되기를 기다렸다 지나가는데, 조금이라도 잘못하면 돌무더기에 부딪혀 배가 깨지고 만다. 서쪽으로 흐르는 한강은 양화진 북쪽 기슭을 돌아 뒤쪽 서강의 물과 만난 뒤, 다시 문수산 북쪽을 돌아 바다로 들어간다.

강화부는 남북 길이가 백여 리에 이르고, 동서 길이가 약 오십 리다. 부에는 유수관을 두어 다스린다. 북쪽으로는 풍덕의 승천포와 강을 사이에 두고 있다. 강 언덕은 모두 석벽이고, 그 아래는 진흙 수렁이어서 배를 댈 만한 곳이 없다. 오직 승천포 맞은편 한 곳만 배를 댈 만하다. 그러나 그곳도 만조 때가 아니면 배를 댈 수 없어 험한 나루로 불린다. 좌우에는 성곽을 쌓지 않고 다만 좌우의 산 밑 강가에다 돈대(요충지에 흙을 무더기로 쌓아 놓았다가 유사시에 차폐물로 이용하던 것이다)를 쌓아 마치 성 위의 작은 담장처럼 보이게 했다. 성안에는 병기를 갈무리해 두고 병사들을 배치하여 외적에 대비했다.

동쪽의 갑곶에서 남쪽의 손돌목에 이르는 곳까지는 오직 갑곶으로만 배로 건널 수 있다. 그 밖의 해안은 북쪽 기슭처럼 모두 진흙 수렁이어서 배를 댈 수 없다. 따라서 산기슭이 강과 접한 곳에만 돈대를 쌓아 북쪽 해안처럼 외적을 방비하고, 승천포와 갑곶 두 길만 지키면 섬 바깥은 천연의 요새가 된다. 그러기에 고려가 원나라 군사를 피해 이곳에 십 년 동안이나 도읍했을 때도 비록 육지는 짓밟혔지만 이 섬은 끝내 지킬 수 있었던 것이다.

조선조에 들어와서는 삼남의 조세를 실은 배가 모두 손돌목을 거쳐 서울로 들어오므로, 바닷길의 요충지라 하여 유수관을 두어 지키게 했다. 또한 동남쪽 건너편 기슭의 영종도에도 방어사의 병영을 설치하고 첨사로 하여금 지키게 했다.

청나라의 침략과 용골대

인조 정묘년(1627년)에는 청나라 군사가 황해도 평산에 쳐들어왔다가 형제 국이 되기로 강화한 뒤 물러갔다. 당시 청나라는 요동의 심양을 근거로 명나라와 끊임없이 싸웠으며, 명나라 장수 모문룡은 우리 가도를 점령하고 있었다. 우리 역시 바닷길로 등주와 내주를 거쳐 명나라와 내왕하고 있었는데, 청나라는 우리가 자신들의 후방을 노릴까 봐 두려워했다. 그들은 우선 첩자를 승문원 하인으로 침투시킨 뒤, 우리 병력이 약한 것을 탐지하고 공격하려 했다. 당시 조정에서도 청나라의 침략을 우려하여 남한산성을 개축했다.

병자년(1636년) 봄에 청나라는 용골대를 보내 남한산성을 엿보게 했다. 용골대는 서강 선유봉에 가보려고 했다. 그때 호조판서 하담 김시양이 용골대가 사실은 남한산성을 보고자 함을 눈치 채고, 이졸들로 하여금 동대문 밖에서 정렬하여 맞이하도록 했다. 용골대는 서문으로 향하는 척하다가 별안간 말을 타고 동대문 밖으로 나섰다. 길가에 이졸들이 장막을 치고 기다리는 것을 본 그는 이상하게 여겨 물었다. 역관이 대답했다.

"장군께서 남한산성으로 가려 하심을 호조판서께서 미리 아시고 길가에다 조그만 잔치를 베풀었으니, 청컨대 잠시 머물러 주십시오."

용골대는 크게 놀라 억지웃음을 지으며 말을 멈추고는 결국 남한산성으로

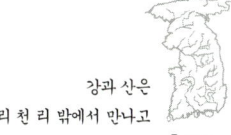

가지 않았다. 당시 대간들 중에는 신진 인사가 많았는데, 그들은 앞뒤 가리지
도 않고 오랑캐 사신의 목을 베라고 청했다. 용골대가 이 말을 전해 듣고 인
사도 없이 서둘러 돌아갔다. 떠나면서 그는 자신이 머물던 관사의 벽 위에 청
靑 자 하나를 크게 써 놓았는데, 곧 12월을 뜻한다.

그해 12월, 청나라 병사들은 의주(당시 임경업 장군이 지키고 있었다) 길을 피해 창
성 방면으로 얼음을 타고 압록강을 건너왔다. 그들은 도중에 성을 만나도 공
격하지 않았다. 사흘 만에 선봉대가 홍제원에 도착했는데, 이곳에 머물면서
도 성을 공격하지 않았다. 군사들 또한 모두 안장을 풀고 말을 쉬게 하여 싸
우려는 기색을 전혀 보이지 않았다. 이는 사실 후발대를 기다리는 것이었다.
성안 백성들은 놀라 두려움에 떨었다.

이에 병조판서 최명길이 자청하여 고기와 술을 가지고 가서 청나라 병사
들을 위로하면서 군사를 일으킨 이유를 물었다. 다른 한편으로는 세자와 두
대군을 먼저 보내 종묘의 신주를 받들게 하고, 비빈들과 함께 강화도로 피하
게 했다. 임금도 이어 남문루로 나아갔으나 청나라 군사에게 잡힐 것을 염려
하여 길을 바꾸어 남한산성으로 들어갔다.

그러자 청군의 대부대가 뒤따라 성을 포위했다. 4, 5일이 지나 청나라 황
제가 도착했는데, 성이 높아서 쉽게 함락할 수 없다는 것을 알고는 크게 노
하여 용골대를 죽이려 했다. 용골대가 우리나라를 공격하자고 건의했기 때
문이다. 용골대가 열흘 안에 강화부를 빼앗아 죄를 씻기를 청하자 황제가 허
락했다.

용골대가 한 부대를 거느리고 통진 문수산 위에 올라 강화도를 내려다보

니, 섬 전체가 손바닥만하고 갑곶나루는 방비가 전혀 없었다. 그래서 민가를 헐어 그 목재로 뗏목을 만들어 건너가 강화도를 함락했다. 인조는 이 소식을 듣고 마침내 남한산성을 내려오기로 했다.

이보다 앞서 당시 수상이던 김류는 강화도가 함락될 염려가 없다고 생각했다. 그는 아들 김경징을 강화도 방수대장으로 삼고 가족을 이끌고 피난하도록 했으며, 이민구로 하여금 보좌하게 했다. 그러나 김경징은 교만하고 어리석었으며, 이민구는 경박하여 앞날을 생각하지 않고 날마다 놀음과 술에 빠져 세월을 보냈다. 대군과 대신들이 군사를 보내 갑곶을 방비하도록 했지만 김경징은 큰소리로 이렇게 말했다.

"되놈들이 어찌 하늘을 날아서 건너오겠느냐!"

그러다 성이 함락되자 대신 **김상용**이 충절을 지켜 죽었고, 사대부 집안의 부녀자들 중에도 순절한 자가 많았다. 또한 달아나다가 해변에 이르면 그대로 수건으로 얼굴을 가린 채 몸을 던져 죽기도 했으니, 물에 뜬 시신이 흩어진 구름과 같아 어느 집 여인인지 알 수가 없었다. 난이 평정된 뒤 간혹 붙잡혀 간 것도 모르고 물에 빠져 죽었다 하여 정문旌門(충신, 효자, 열녀 등을 표창하기 위해 그 집 앞에 세우던 붉은 문)을 세운 경우도 있었다.

조선 인조 때의 상국이며, 1632년 우의정에 발탁되었으나 늙은 것을 이유로 벼슬에서 물러났다. 1636년 병자호란 때 묘사주廟社主를 받들고 빈궁과 원손을 수행하여 강화도로 피난했다. 성이 함락되자 성의 남문루에 있던 화약에 불을 질러 순절했다.

병자년(1636년) 후에 조정에서는 지난 일을 교훈 삼아 군기를 수리하고 식량

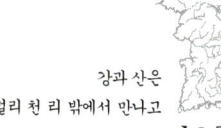

과 말먹이를 비축해 비상사태에 대비했다. 그후 백 년 동안 무사하자 강화에 쌓인 양곡이 백만 섬이나 되었다. 그러다 숙종 말년에 해마다 흉년이 들어 백성들을 구제하기 위해 곡식을 각 지방에 풀었다. 추수 뒤에 거두어 각 지방에 그대로 쌓아 두기도 했고, 서울의 각 관에 경비가 부족하면 그 쌀을 옮기도록 청하기도 했다. 그리하여 군량은 해마다 줄어들어 이제는 십만 섬도 채 남지 않았다.

숙종 계유년(1693년)에 신하들이 병자년 일을 아뢰자 임금이 문수산에 성을 쌓으라고 명했다. 문수성을 지키지 못하면 강화도 또한 지킬 수 없기 때문이다. 후에 묘당(조선시대 군국 사무를 맡아 보던 관아인 비변사의 별칭)과 여러 장수들이 통진읍을 성안으로 옮겨 따로 진을 만들고 난을 만나면 온 고을 군사들을 거느리고 들어가 산성을 지킬 것을 청했다. 그러나 의논이 통일되지 않아 결국 실행하지 못했다.

지금 임금(영조) 병인년(1746년)에 강화 유수 김시혁이 장계를 올려 강을 따라 성을 쌓을 것을 청하자 조정에서 허락했다. 김시혁은 동쪽부터 성을 쌓아 북쪽으로는 연미정까지, 남쪽으로는 손돌목에 이르렀다. 일을 마치자 임금이 김시혁을 발탁하여 정경으로 삼았다. 그러나 얼마 지나지 않아 장마에 성이 무너지고 말았다. 성을 쌓을 때 평지의 진 곳을 만나면 흙과 돌로 메워서 기초를 다졌던 까닭에 강기슭이 모두 단단해져서 사람이나 말이 다닐 수 있게 되었다. 그리하여 강을 따라 사십 리 곳곳에 배를 맬 수 있게 되어 강화도도 지키기 어렵게 되었다.

강화의 작은 포구, 교동도

강화에서 나온 한 줄기는 서쪽 기슭을 따라 달리다가 움푹 꺼진 돌줄기가 되었는데, 작은 포구 하나를 지나면 곧 교동도다. 이 섬이 개성의 바깥 안산이다. 섬 북쪽에 있는 한강은 개성의 앞 강이 된다. 남쪽은 큰 바다에 접해 있고, 바다 남쪽은 곧 충청도의 해미와 서산 지역이다. 바다가 멀지 않아 양쪽 기슭의 산이 눈에 들어오고, 서북쪽으로는 황해도의 연안과 백천이 포구 사이로 비스듬히 보인다.

교동도는 강화보다는 작지만 섬 전체가 모두 돌이고, 바다 가운데 따로 떨어져 있다. 나라에서는 이곳에 통어영을 설치하고 수군절도사를 두어 경기, 황해, 평안 삼도의 수군을 거느리고 바다를 지키게 했다. 그러나 강화와 교동 모두 땅에 소금기가 있고 자주 가물어 수확이 적다. 그래서 백성들은 소금 채취와 고기잡이를 생업으로 한다.

수리산 자락의 마을

수리산 줄기 가운데 서쪽으로 간 것이 가장 짧은데, 안산 바닷가에서 그친다. 이곳에는 한양 대갓집 조상들의 땅이 많고, 서울과 가깝고 소금과 생선이 넉넉하여 대를 이어 사는 사대부가 많다.

수리산 남쪽으로 뻗은 줄기는 서남쪽으로 가다가 광주 성곳리에서 그쳤는데, 이곳은 생선과 소금이 나오는 갯마을이다. 근해의 상선이 많이 모여들어 백성들은 생선을 팔아 넉넉하게 살아간다.

또 한 줄기는 동남쪽으로 뻗어 수원부의 여러 산이 되었다가 바다에서 그 쳤는데, 충청도 아산현과 포구 하나를 사이에 두고 있다. 그 사이에는 금수산 이 있고 산꼭대기에 연못이 있는데, 물빛이 노랗게 물들인 것 같다. 전설에 의하면 그 속에서 금이 나기 때문이라고 한다. 옛날 땅의 기운을 잘 보는 당 나라 사람이 이 연못을 보고 이렇게 말했다.

"이 산에 금 보석의 기운이 있다."

금수산의 다른 줄기는 다시 서쪽으로 달려서 남양부가 되었다가, 부의 서 쪽 문판현을 지나 서해에서 그쳤다. 충청도 당진과는 작은 바다를 사이에 두 고 매우 가까워서 썰물 때는 쉽게 통한다. 지세를 살펴보면 좌우로 포구와 항 구를 끼고 곧장 바다 가운데로 들어가며, 소금 굽는 집 수백 가구가 남북으로 별처럼 깔려 있다.

학이 찾아 준 물길, 대부도

육지가 끝나는 곳에 화량포 첨사의 진이 있고, 진에서 십 리쯤 바다를 건 너면 대부도다. 이곳에는 모두 어민들만 사는 까닭에 남양 서쪽 마을이 생선 과 소금에서 얻는 이득을 독점한다.

대부도는 화량진에서 움푹 꺼진 돌줄기가 바다 속을 꼬불꼬불 지나면서 그 등마루가 바다 위로 나타난 것이어서 물이 대단히 얕다. 옛날에 학이 물속 돌줄기 위를 걸어가는 것을 보고 섬사람들이 길을 찾아냈다 하여 그 길을 학지라고 부른다. 이 길은 오직 섬사람들만 잘 알 뿐 타지인들은 알지 못한다. 병자년(1636년)에 섬사람들이 청나라 병사에게 쫓겨 이 돌줄기를 따라 달아났는데, 돌줄기가 모두 구부러져 찾기 어려웠다. 청나라 병사들은 따라가다가 길을 몰라 물에 빠졌고, 결국 섬도 무사히 지켜 냈다.

이 섬은 땅이 비옥하고 백성이 많으며, 남쪽에서 오는 뱃길의 첫 관문으로 강화와 영종의 바깥문 구실을 한다. 옛날에 수군영을 설치했는데, 교동도로 옮겨 가면서 말을 치는 목장으로 변했다. 지금은 지키는 군사조차 없으니, 심히 옳지 않은 일이다. 마땅히 화량진을 이 섬으로 옮겨 영종도와 서로 의지하게 함이 좋을 것이다.

익령군과 영흥도

이곳에서 서쪽으로 삼십 리쯤 바닷길을 가면 연흥도가 있다. 고려 말 종실이던 익령군 기琦는 고려가 곧 망하리라는 것을 알고 성과 이름을 바꾼 뒤 온 가족과 함께 바다를 건너 이 섬에 숨어들었다. 결국 그는 고려가 망한 뒤 물에 빠뜨려 죽임을 당하는 화를 모면할 수 있었고, 그 자손들도 모두 이 섬에서 살았다. 지금 그들은 신분마저 낮아져 목장의 목자가 되었다.

익령군이 머물던 세 칸 집은 지금까지 굳게 닫혀 있어 아무도 드나들 수 없다. 방 안에는 서책과 그릇을 쌓아 두었으나 무엇인지는 알 수 없다. 예전에 한 관리가 이 섬에 놀러 왔다가 잠시 문을 열어 보려 했다. 그러자 여러 명의 말 치는 남녀가 와서 애걸하며 이렇게 말했다.

"이 문을 열면 자손 중에 누군가 죽는 변고가 번번이 일어났습니다. 그런 까닭에 벌써 삼백 년 동안이나 모두 조심하여 감히 열어 보지 못했습니다."

관리는 불쌍히 여겨 문 여는 것을 그만두었다.

수원 동쪽은 양성과 안성이다. 안성은 기호 지방과 해안 사이에 있어서 화물이 모이고 공인과 장사치들이 모여들어서 한강 남쪽에서 제법 큰 도회지가 되었다. 그러나 안성읍 밖은 비록 평탄하기는 하나 땅에 살기가 있어서 살 만한 곳이 못 된다.

수원 북쪽은 과천이요, 과천에서 북쪽으로 십오 리를 가면 동작나루터다. 이곳에서 강을 건너 북쪽으로 또 십오 리를 가면 서울 남문이다.

조선의 수도, 한양

함경도 안변부의 철령 한 줄기가 남쪽으로 오, 육백 리를 달려서 양주에 이르러 작은 산이 되었고, 다시 북동쪽으로 비스듬히 돌아들면서 우뚝 솟아 도봉산의 만장봉이 되었다. 이곳에서 다시 남서쪽을 향해 나아가다 잠시 끊어지고 다시 우뚝 솟아 삼각산(북한산의 다른 이름. 삼각산이란 백운대, 인수봉, 만경대를 합하여 일컫는 것이다) 백운대가 되었다. 이곳에서 다시 남쪽으로 내려가서 만경대가 되었는데, 한 줄기는 서남쪽으로 나아가고 다른 한 줄기는 남쪽으로 나아가 백악산이 되었다. 풍수사는 이렇게 말한다.

"하늘로 치솟은 목성木星(산꼭대기가 둥글면서도 우뚝 솟은 산)의 형국으로, 궁성의 주산 감이다."

동·남·북 세 방향으로는 모두 큰 강이고, 서쪽은 바다와 통한다. 백악산은 여러 강이 모여드는 사이에 서리고 얽혀 있어, 전국 산수의 정기가 모인 곳이라 일컫는다. 신라 때의 스님 도선 은 《유기》에서 이렇게 말했다.

"왕을 이을 자는 이씨이며, 한양에 도읍할 것이다."

그래서 고려 중엽에는 윤관으로 하여금 백악산 남쪽에 터를 정하여 오얏나무를 심게 하고, 무성하게 자라면 곧 베어 오얏의 성한 기운을 눌렀다.

음양풍수설의 대가. 우리 나라 풍수지리학의 역사가 신라 말까지 거슬러 올라가는 것도 그의 생존 연대가 그때이기 때문이다. 고려 태조 왕건의 탄생을 예언하여 유명해졌다. 왕건은 이 때문에 민간에 전해 오는 《도선비기》에 깊은 관심을 가졌고, 도선의 예언을 철저히 따르라고 후세에 경계했다. 사진은 도선국사비다.

조선이 왕조를 이을 무렵, 무학 스님으로 하여금 도읍지를 정하도록 했다. 그는 백운대에서 산맥을 따라 만경대를 거쳐 서남쪽으로 비봉에 이르렀다가 "무학이 잘못 찾아 이곳까지 온다[無學誤尋到此]"라는 여섯 글자가 크게 새겨진 비석을 발견했다. 이는 곧 도선이 세운 것이었다. 결국 무학은 길을 바꿔 만경대에서 정남향의 줄기를 따라 곧장 백악산 아래에 이르렀다. 세 곳의 맥이 만나 한 들이 된 것을 보고 드디어 그곳을 궁성 터로 정했다. 이곳이 곧 고려 때 오얏나무를 심었던 곳이다.

조정에서 한양에 외성을 쌓으려 했는데, 성의 경계를 어디까지 해야 할지 알 수가 없었다. 어느 날 밤 온 천하에 큰 눈이 내렸는데, 바깥은 쌓이고 안쪽은 녹아 버렸다. 괴이하게 여긴 태조가 눈 쌓인 곳을 따라서 성터를 정하라 명했다. 이것이 곧 지금의 성 모습이다. 그러나 산을 따라 성벽을 만들었지만 동쪽과 서남쪽은 낮고 허약하다. 또한 성 위에 작은 담을 만들지도 않고 호도 파지 않아서 임진년과 병자년의 두 난리가 났을 때 도성을 지킬 수 없었다.

숙종 연간 을유년(1705년)에 도성 개축을 의논했으나 "동쪽이 너무 낮아 만일 강을 막아서 성안으로 물을 댄다면 성안 사람들은 모두 물고기가 될 것이다"라고 말하는 자가 있어 결국 중지했다. 그러나 이곳은 삼백 년간 명성과 문물을 떨친 지역이 되었고, 유학 또한 크게 일어나 학자가 많이 나왔으니 엄연히 하나의 소중화를 이루었다.

양주·포천·가평·영평은 동교(서울 바깥 백 리를 교郊라 했다)이고, 고양·적성·파주·교하는 서교인데, 두 곳 모두 땅이 메마르고 백성들이 가난하여 살 만한 곳이 적다. 사대부 가운데 형세가 어려워지고 세력을 잃은 뒤 삼남 지방으로 내려간 자는 가세를 잘 보존했으나, 근교로 나간 자는 가난하고 쇠잔해져서 한두 세대를 지나서는 겨우 품관(일정한 관직이 없이 품계만을 가지고 있는 관인)이나 평민이 되기 일쑤다.

한양은 앞으로 큰 강이 막고 있고, 오직 서쪽으로만 길이 하나 나 있어 황해도와 평안도로 통한다. 도성에서 서쪽으로 오 리를 가면 사현(지금의 서대문구 홍제동 근처)이고, 이 고개를 넘으면 녹번현이다. 당나라 장수가 이곳을 지나면서 "한 사람이 관문을 막으면 만 사람이라도 열 수 없겠다"라고 했다.

여기에서 다시 서쪽으로 사십 리쯤 가면 벽제령인데, 임진왜란 때 이여송이 패전한 곳이다. 왜군이 평양에서 패하고 한양으로 돌아오자 약한 병졸들만을 골라 고양현에 출몰시켰다. 개성에 있던 이여송이 이 소문을 듣고 왜군을 사로잡아 공을 세우고자 하여 주력 부대는 개성에 남기고 적은 병력으로 왜군을 습격했다. 그러나 벽제령을 겨우 넘자마자 왜군들이 사방에서 크게 몰려들어 수많은 휘하 군사들이 총에 맞아 죽었다.

명나라 장수 낙상지는 본디 힘이 세어 낙천근이라고 불렸는데, 겹갑옷을 입고 이여송을 겨드랑이 아래 낀 채 싸우다 물러서다를 반복한 끝에 겨우 죽음을 면했다. 결국 이여송은 사기가 꺾여 군사를 철수시켰으며, 왜군이 한양을 떠났다는 소식을 듣고서야 비로소 군사를 정돈하여 남쪽으로 경상도까지 쫓아갔다가 돌아왔다.

사현과 녹번현 두 고개와 벽제령은 모두 관문을 설치할 만한 곳이다. 그러나 나라 안 어느 곳에도 길을 가로질러 관문을 세운 곳이 없다. 그러므로 천연의 요새를 버리게 되었으니, 참으로 안타까운 일이다.

벽제령에서 서쪽으로 사십여 리를 가면 임진나루터가 있다. 한양 북쪽 강의 하류로서, 강가 남쪽 기슭은 천연의 성채 모양이다. 이곳은 서쪽으로 가는 길목인데다가, 강과 접한 험한 곳이라 참으로 지킬 만한 곳이다. 성을 설치하지 않을 수 없는 곳이건만 아직도 성을 쌓지 않았으니, 매우 한스러운 일이다.

고려 건국 설화

임진나루를 건너 장단을 지나서 서쪽으로 사십 리를 가면 고려의 도읍지인 개성이 있다. 송악산이 진산이고, 그 아래가 만월대다. 《송사》에 "큰 산에 의지하여 궁궐을 세웠다"라고 하는 곳이 바로 이곳이다. 김관의의 《통편》에서는 이곳을 금돼지가 누워 있는 곳이라고 했고, 도선은 메기장을 심는 밭이라 했다.

옛 기록을 삼가 살펴보니 이러하다. 당나라 선종이 젊었을 때 십육원을 떠나 오랫동안 다른 나라에서 고초를 겪다가, 상선을 따라 바다를 건너 개성 후서강 북쪽에 이르렀다. 그때 갯가가 진흙임을 보고 배에 실은 돈을 땅 위에 깔고 육지에 올랐다. 그러므로 지금도 이곳을 돈개[錢浦]라 부른다.

선종이 이곳에서 오관산 아래에 있는 보육의 집에 이르렀는데, 보육이 그가 당나라 귀인임을 알아채고 작은딸 진의로 하여금 잠자리 시중을 들게 했다. 선종이 헤어질 때 진의가 임신한 것을 알고 붉은 활 하나를 주면서 이렇게 말했다.

"만일 사내아이를 낳거든 이 활을 가지고 중국으로 찾아오게 하고, 아들 이름을 제건이라고 하여라."

아이가 장성하자 아버지가 준 활을 가지고 활쏘기를 익혔는데, 그 기술이 절묘했다. 그가 상선을 얻어 타고 당나라로 들어가는데, 바다 가운데 이르자 배가 머뭇거리며 나아가지를 않았다. 배 안의 사람들이 크게 두려워하여 각자의 갓을 던져서 길흉을 점쳐보기로 했다. 그러자 제건의 갓만이 물속으로 가라앉았다. 사람들이 양식을 마련하여 제건을 작은 섬에 내려놓고서 배가 돌아오기를 기다리라 했다. 제건이 섬에 홀로 남게 되자 동자 하나가 물속에서 솟아올라와 이렇게 말했다.

"용왕께서 뵙고자 합니다. 눈만 감고 계시면 저절로 당도할 것입니다."

제건이 그대로 따라 수부水府(물을 맡아 다스린다는 신의 궁전)에 이르자 한 늙은이를 만났다. 늙은이가 말했다.

"이 늙은이가 이곳에 머문 지 이미 오래인데, 최근에 흰 용 하나가 나타나서 나의 굴을 빼앗으려 하오. 그래서 내일 맞붙어 싸우기로 했소. 그대가 활을 잘 쏘는 줄 알고 있으니 부디 나를 도와서 저 흰 용을 쏘아 주시오."

제건이 물었다.

"싸울 때 어느 쪽이 당신인지 어떻게 알 수 있습니까?"

"내일 정오에 비바람이 치고 물결이 일면 그때가 싸우는 때요. 싸움이 심해지면 서로 등을 구부려 드러낼 텐데, 등이 푸른 것이 나고 흰 것이 그놈이오."

제건이 응낙하고 섬으로 나아가 살폈다. 이튿날 정오가 되자 과연 늙은이가 말한 대로 일이 벌어졌다. 제건이 섬 위에서 흰 용을 쏘아 맞추었다. 조금 뒤 하늘이 개고 파도가 가라앉더니 동자가 나와 다시 제건을 맞이하여 수부에 이르렀다. 늙은이가 한 소녀를 불러 아내로 삼게 하고는 이렇게 말했다.

"그대는 귀한 집 자식이니 고향으로 돌아가면 자연히 큰 복이 있을 것이오."

그리고는 한동안 머물러 있게 한 뒤 아내와 함께 보내 주었다. 섬 위로 나오자 마침 상선이 와 있었다. 제건은 드디어 용녀와 함께 창릉에 닿았다. 염백 태수는 제건이 용녀에게 장가들고 왔다는 소식을 듣고 재물을 모으고 힘을 모아 집을 지어 살게 했다. 제건 부부는 창릉에서 다시 송악산 밑으로 옮겨 살면서 아들 하나를 낳아 이름을 융隆이라 했다.

그후 용녀는 제건이 믿음이 없다고 책망하고는 어린 딸을 데리고 우물로 들어가 용으로 변하여 서해로 돌아갔다(《고려사》에 따르면 용녀는 자신이 직접 판 큰 샘을 통해 친정인 서해를 드나들었는데, 어느 날 남편 제건이 우물에 드나드는 것을 보지 말라는 금기를 어기자 그 길로 용궁으로 돌아가 버렸다고 한다). 융이 아들을 낳아 성은 왕王이라 따로 짓고 이름은 건建이라 했는데, 실은 이씨다.

용의 자손인 왕씨 가문

태조 왕건이 즉위하자 아버지가 살던 곳을 정전(조정의 대소 신료들이 나와 조회를 보던 곳)으로 삼고, 용녀를 추존하여 온성왕후라 했으며, 제건을 의조라 했다. 태조가 고려를 세울 무렵 마침 중국은 오대(당나라와 송나라 사이에 있었던 다섯 나라로, 곧 양·당·진·한·주를 가리킨다) 초기에 해당한다.

소선제(당나라 마지막 황제인 애제)가 망하자 왕태조가 나라 밖에서 일어나 삼한을 통합하고, 자손이 국운을 계승하여 오백 년을 이었다. 이는 당 태종이 남긴 공업이니, 마치 진陳나라가 망하자 전씨의 제나라가 융성해진 것과 같다. 이 일로 미루어 보면 하늘의 베풂이 박하다고 할 수는 없을 것이다.

용녀에 관한 이야기는 사람들이 혹 믿지 않는데, 전해 오는 말에 의하면 태조가 낳은 자녀들의 양쪽 겨드랑이에 용의 비늘이 있었다고 한다. 태조의 외가가 용인데, 용녀가 바다로 돌아가면서 어린 딸을 데리고 가서 다시 용이 된 것은, 여자가 시집가서 왕자를 낳을까 두려워했기 때문이다. 이에 딸들 가운데 비늘이 없는 자는 신하에게 시집보냈고, 비늘이 있는 자는 모두 대를 잇는 임금의 후궁으로 삼았으니, 윤리를 어기는 부끄러움도 생각하지 않았다. 중엽에 이르러서는 여동생을 비로 삼은 임금까지 있었다. 《송사》에서는 이를 비난했지만, 이런 일은 오직 왕가에서만 있었고 백성들 사이에는 없었음을 몰랐기 때문이다.

우리 태조가 (위화도에서 회군)한 뒤, 왕우를 신돈의 자식이라 하여 폐위시키고 공양왕 요瑤를 임금으로 삼았다. 그리고는 공양왕으로 하여금 왕우를 강릉에서 죽이게 했다. 왕우가 형을 당할 때 모인 사람들에게 겨드랑이를 들어 보이면서 이렇게 말했다.

"나를 신씨라 하지만 왕씨는 용의 씨인 까닭에 겨드랑이에 비늘이 있으니, 너희는 와서 보라."

주위 사람들이 가까이 가서 보니 과연 그러했다. 참으로 이상한 일이다.

1388년 고려 우왕 14년에 이성계가 요동 정벌에 나섰다가 압록강 위화도에서 불가론을 내세우며 개성으로 회군한 사건을 일컫는다. 우왕과 최영은 개성으로 급히 돌아와 반격에 나섰으나 실패했다. 이성계는 최영을 죽이고 우왕을 폐한 뒤 창왕을 세웠다. 그러나 다시 1년 만에 공양왕을 세워 권력을 전담했다. 1392년 이성계는 마침내 공양왕마저 폐하고 왕위에 올라 국호를 조선이라 했다. 위화도 회군은 조선 건국의 기초가 된 사건이라 할 수 있다.

홍무(명나라 태조의 연

호) 임신년(1392년)에 태

조가 공양왕에게서 왕

위를 물려받고 도읍을

한양으로 옮겼다. 왕씨

의 신하였던 세가와 대족

중 태조에게 항복하지 않은

자들은 개성에 남았는데, 그들이

살던 동리를 그곳 사람들은 두문동

이라 불렀다.

경기도 개풍군 광덕면 광덕산 서쪽 골짜기. 고려의 유민 72명이 지조를 지키기 위해 부조현이라는 고개에서 조복을 벗어 던지고 이곳으로 들어와 새 왕조에 나아가지 않았다. 이에 조선 왕조가 이곳을 포위하고 72인을 불살라 죽였다고 한다. 정조 때 이곳에 표절사를 세워 이들의 충절을 기렸다. '두문불출杜門不出'이라는 말도 여기에서 나왔다.

태조는 그들을 미워하여 개성 선비들에게는 백 년 동안 과거를 보지 못하도록 했다. 결국 남아 있던 자들의 후손은 평민이 되어 장사를 생업으로 삼고 학문에는 뜻을 두지 않았다. 삼백 년이 지나자 개성에는 사대부라는 이름까지 사라졌으며, 서울의 사대부들 또한 개성을 드나들지 않았다.

내 일찍이 대정리 옛 사당에 안치되어 있는 온성왕후의 소상(흙으로 만든 사람)과 창릉 토성을 보고 매번 이상하게 여겨 이렇게 말했다.

"용녀에 관한 이야기가 거짓이라고 하기에는 유적이 너무나도 선명하고, 사실이라고 하기에는 제나라 동쪽 오랑캐의 말에 가까우니, 어느 쪽을 믿겠는가."

가장 통탄할 점은 정도전이다. 그는 목은 이색의 문인으로서 고려 말에 재상의 반열에 있으면서도 왕검과 저연이 하던 짓을 본받아 나라를 팔아 사욕을 채우고 스승을 해치며 벗을 죽였다. 게다가 고려가 이미 망했는데도 다시 왕씨의 종실을 제거하자는 책문을 올렸다. 그는 자연도로 귀양 보낸다는 말로 속여 배 한 척에 왕씨들을 가득 태워 바다에 띄우고 은밀히 배 밑에 구멍을 내어 가라앉게 했다. 당시 왕씨와 가까이 지내던 스님이 있었는데, 언덕에서 내려다보니 왕씨 중의 한 명이 시 한 구절을 읊었다고 한다.

천천히 노 젓는 소리, 푸른 물결 위인데
비록 산승이 있다 하나 내 어이하리.

그 배가 가라앉은 곳에 모래와 진흙이 쌓여 바다 한가운데 큰 섬이 되었다. 정주해가 바로 그곳으로, 보련강 하류에 있다.

태조가 즉위한 뒤 공양왕을 관동에 옮겨 살도록 했다. 왕씨의 태묘는 헐고 신주는 배에 실어 임진강에 띄워 보냈는데, 배가 저절로 물을 거슬러 올라와 마전현 강기슭에 있는 절 앞에서 멈췄다. 마을 사람들이 왕께 여쭈니 태조가 불상을 다른 절로 옮기고 신주를 그 절에 봉양하도록 했다. 그 절을 숭의전이라 부르고 왕씨를 찾아 전감으로 삼고자 했다.

그러나 왕씨 가운데 명망이 있고 벼슬하던 자들은 모두 제거되었고, 나머지는 달아나서 성마저 마씨·옥씨·전씨 등으로 바꾸어 왕 자를 자획 속에 교묘히 숨겨 놓았다. 그들은 자신이 왕씨라고 인정하지 않았다. 결국 세종 때 이르러서야 왕순례 한 사람을 찾아냈다. 그리하여 선우씨를 기자전의 전감으로 삼은 예를 따라 왕순례에게 논밭과 노복을 내리고, 전참봉을 세습하여 제사를 받들게 했다. 이는 성조의 훌륭한 덕에 의한 것이다. 일찍이 성조도 이렇게 말씀하셨다.

"왕씨를 없앤 것은 태조의 뜻이 아니라 공신들의 모략에 의한 것이다."

정몽주와 최영 장군

성안에 있는 선죽교는 정몽주가 죽임을 당한 곳이다. 그는 공양왕 때 재상으로 있으면서 그 혼자만 태조에게 조아리지 않았다. 이에 태조 문하의 여러 장수가 조영규를 시켜 다리 위에서 그를 철퇴로 때려죽이게 했다. 이로써 고려의 왕업은 이씨에게로 옮겨졌다.

그후 조선조에 들어와 정몽주를 조선의 직함인 의정부 영의정에 추증하고 용인에 있는 그의 무덤 앞에 비석을 세웠는데, 바로 벼락이 쳐서 비석을 부수고 말았다. 정씨의 후손이 고려조의 직함인 문하시중으로 고쳐 쓰기를 청하여 그에 따랐더니 지금껏 무사하다. 충성스러운 혼과 굳센 넋이 죽은 뒤에도 살아 있음을 느낄 수 있으니, 두려워할 만한 일이다.

동남쪽으로 십여 리 떨어진 곳에 덕적산이 있는데, 산 위에는 최영의 사당이 있다. 사당에는 소상이 있는데, 백성들이 기도하면 영험이 있어 사당 곁에 침실을 만들고 민간의 처녀를 두어 사당을 모시게 했다. 처녀가 늙고 병들면 다시 젊고 예쁜 사람으로 바꾸었는데, 지금까지 삼백 년 동안 하루도 빠짐없이 그렇게 하고 있다. 그 시녀가 말하길 "밤이 되면 신령께서 내려와 교접합니다"라고 한다. 내가 말했다.

"최영은 일개 무모한 장수로서 제 딸을 왕우의 비로 삼게 했고, 국사를 잘 못 다스려 끝내 사직을 남의 손에 넘어가게 했다. 죽어서도 그 혼이 하늘에도 오르지 못하고 땅에도 들지 못한 채 들판의 신이 되었다. 아직도 남녀 간의 도락을 잊지 못하고 있으니, 자신의 죽음에 복종하지 않았음을 알 수 있다. 어찌 어리석고 음탕하다 하지 않겠는가!"

그러나 수십 년 전부터는 그 사당의 영험이 전혀 없다 하니 이 또한 의아한 일이다.

송악산 줄기

만월대는 오르막의 긴 언덕이다. 도선이 《유기》에서 이렇게 말했다.

"흙을 허물지 말고 흙과 돌로 북돋우어 궁전을 지어야 한다."

그러므로 고려 태조가 돌을 다듬어 층계를 만들고 기슭을 보호하여 그 위에 궁을 세웠다. 그후 고려가 망하자 궁은 헐렸으나 계단과 주춧돌은 선명히 남았다. 오랜 세월이 흘러 관에서도 보호하지 않게 되자 개성의 부유한 상인들이 몰래 메어다가 묘석을 만들었다. 이에 점차 훼손되어 근래에는 남아 있는 것이 얼마 되지 않는다.

만월대 뒤에 있는 자하동은 송악산 밑이며, 샘과 돌이 그윽하면서도 기이하다. 성안 동남쪽에 있는 남산은 적신 최충헌이 머물던 곳이다. 최씨가 망하자 공민왕이 그곳에 화원과 팔각전을 세웠고, 왕우가 태조의 군사에게 포위당한 곳도 여기다.

남쪽에는 용수산과 진봉산 두 산이 있는데, 송악산에서 뻗어 내려온 줄기로 성안의 안산이다. 풍수가는 이렇게 말한다.

"진봉산은 옥녀의 화장대 모양이다. 고려 임금이 여러 대에 걸쳐 상국(중국)의 공주에게 장가간 것도 이 산 때문이다. 또 필산筆山이 있는 까닭에 나라 사람들이 중국 과거에서 많이 장원했다. 그러나 백호 쪽의 산이 강하고 청룡 쪽의 산이 약한 까닭에 나라에 이름난 정승이 없고, 여러 번 무신의 난이 있었다."

성 동북쪽에 있는 산대암은 의종이 무신의 난을 만난 곳이고, 서북쪽에 있는 영통동은 보육이 살던 곳이다. 옛날에는 귀법사가 있었으나 지금은 없어졌다. 북쪽의 화담은 샘과 돌의 풍광이 뛰어난데, 중종 때 징사(벼슬은 하지 않았으나 나라에서 높이 받들던 선비)인

서경덕이 숨어 살던 곳이다.

서경덕 20년에 태어나 명종 원년까지 살았으며, 호가 화담이다. 1531년 생원시에 장원 급제했으나 벼슬을 단념하고 성리학 연구에 힘써 송대의 주돈이와 소옹, 장재의 사상을 조화시켜 독자적인 기일원론을 제창했다. 박연폭포, 황진이와 함께 '송도삼절'로 불린다. 1575년 우의정에 추증되었고, 저서로 《화담집》이 있다.

북쪽으로 고개를 하나 넘으면 현화사 옛터가 나오는데, 지금은 비석과 탑만 남아 있다. 현화사 서쪽은 대흥동으로, 오관산과 성거산 사이에 위치한 큰 별천지다. 숙종 때 이곳에 산성을 쌓았는데, 바깥쪽은 험하고 안쪽은 평탄하여 하늘이 내린 요새지라 할 만하다. 관에서는 양곡과 병기를 쌓아 두고 큰

절을 세워 승려들로 하여금 방비하도록 하면서 변란에 대비했다. 계곡 안쪽은 암벽이 높고 웅장하다. 시냇물 또한 넓고 깊게 감돌아 괴었고 밑으로 큰 폭포가 되었는데, 이것이 박연폭포다.

부성府城 서문 밖에 있는 만수산에는 고려의 일곱 능이 있다. 이곳에서 북쪽으로 작은 고개를 넘으면 청석동인데, 골짜기가 십여 리에 걸쳐 감돌며 이어진다. 양쪽 언덕이 천 길 벽으로 서 있고, 가운데로는 큰 계곡이 솟아나는 데다가, 문 같은 산이 여러 겹으로 감싸고 있다. 청나라 황제가 병자년에 우리나라를 침략했다가 이곳에 와서는 두려움에 떨며 용골대를 죽이려 했다. 용골대는 이곳을 방비하는 군사가 없음을 확신하고는 염탐한 뒤 지나갔다. 돌아갈 때는 길을 바꾸어 개성 동북쪽 백치로 갔다.

개성 남쪽은 풍덕이고, 동쪽은 장단이다. 영평강은 동쪽에서 흘러오고 징파강은 북쪽에서 흘러와 마전에서 만난 뒤, 장단 남쪽을 돌아 임진강이 된다. 임진강은 다시 서쪽에서 한강과 만나는데, 이곳이 풍덕 승천포다.

장단읍은 임진강 북쪽 백학산 밑에 있다. 읍 북쪽의 화장사에는 서역의 승려 지공이 남겨 둔 패엽경(인도에서 나는 패다 잎에 적어 놓은 경문)과 전단향이 있다. 화장산 이남은 산세가 부드럽고 내가 평탄한데, 고려에서 조선에 이르기까지 공경의 분묘가 많으므로 사람들이 중국 낙양의 북망산에 견준다.

임진강 동쪽에는 연천과 마전이 있고, 북쪽에는 삭령이 있다. 한양에서 북쪽으로 백여 리 되는 지점이며, 물길로 두 서울과 통한다. 그러나 모두 땅이 메마르고 백성이 가난하여 살 만한 곳이 적다. 그중 삭령은 땅이 제법 좋고 강에 닿아 있어 뛰어난 경치가 많다. 연천에는 미수 허목이 살던 곳이 있다.

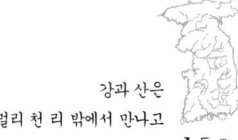

강과 산은
멀리 천 리 밖에서 만나고

153

복거총론 卜居總論

어디가 살기 좋은 곳인가

무릇 사람이 살터를 정할 때는 첫째는 지리가 좋아야 하고, 둘째는 생리(땅에서 나는 이익)가 좋아야 하며, 셋째 인심이 좋아야 하고, 넷째 산수가 좋아야 한다. 이 중 하나라도 모자라면 좋은 땅이라 할 수 없다.

　지리가 아무리 뛰어나도 생리가 부족하면 오래 살 수 없고, 생리가 아무리 좋아도 지리가 나쁘면 그 또한 오래 살 수 없다. 지리와 생리가 모두 좋아도 인심이 나쁘면 반드시 후회할 일이 생기고, 가까운 곳에 즐길 만한 산수가 없으면 마음을 풍요롭게 가꿀 수 없다.

지리를 논하려면 어떻게 살펴야 하는가? 먼저 수구를 보고, 다음으로 들판의 형세를 살펴야 한다. 이어 산의 모양과 흙의 빛깔을 살피고, 그 다음에 수리를 보며, 그 다음에 조산(앞에 멀리 있는 높은 산)과 조수(앞으로 흘러드는 강물)를 봐야 한다. 수구가 이지러지고 엉성하며 텅 빈 채 넓기만 하다면 비록 좋은 땅과 큰 집이 있어도 대개는 다음 세대까지 이어지지 못하고, 어느새 흩어지고 없어져 망하고 만다. 그러므로 집터를 잡을 때는 반드시 수구가 닫혀 있고 그 안쪽에 들이 펼쳐진 곳을 눈여겨 구해야 한다.

그러나 산중에서는 수구가 닫힌 곳을 얻기 쉬운 반면, 들판에서는 그런 곳을 얻기 어려우므로 반드시 거슬러 흘러드는 물이 있어야 한다. 높은 산이나 그늘진 언덕을 가릴 것 없이 힘 있게 거슬러 흐르는 물이 판국을 가로막고 있으면 좋은 곳이라 할 수 있다. 한 겹으로 막고 있어도 좋지만, 세 겹, 다섯 겹으로 감싸면 더욱 좋다. 이런 곳이라야 튼튼히 오래도록 세대를 이어나갈 수 있다.

무릇 사람은 밝은 기운을 받고 사는데, 하늘이 곧 밝은 빛이므로 하늘이 잘 보이지 않는 곳은 결코 살 만한 곳이 못 된다. 이런 까닭에 들이 넓을수록 대단히 좋은 곳이라 할 수 있다. 해와 달과 별들이 찬연히 비치고, 늘 비와 바람과 추위와 더위가 순조롭고 알맞아야만 인재가 많이 나고 질병 또한 적다.

가장 꺼려야 할 곳은 사방에 산이 높이 솟아서 해가 늦게 뜨고 일찍 지며, 밤에 북두칠성이 보이지 않는 곳이다. 이런 곳은 신령한 빛이 적고 음기가 쉽게 침입하여 잡귀의 소굴이 되기도 한다. 또한 아침저녁으로 산안개와 나쁜 기운이 사람들을 병들게 하기 쉽다. 이 때문에 좁은 산골에 사는 것은 넓은 들에 사는 것보다 못하다.

넓은 들판을 둘러싼 나지막한 산은 산이라 하지 않고 통틀어 들이라고 한다. 하늘 빛이 막히지 않을 뿐 아니라 수기水氣가 멀리 통하기 때문이다. 높은 산 가운데 있다 해도 들이 탁 터진 곳이라면 역시 좋은 터가 될 수 있다.

산 가운데 조종은 풍수가들이 말하듯이 다락집처럼 우뚝 솟은 형세여야 한다. 주산은 수려하고 단정하며 청명하고 아담한 것을 으뜸으로 삼는다. 뒤에서 내려온 줄기가 끊어지지 않고 들을 지나다가 갑자기 솟아올라 높고 큰 봉우리를 이루고, 지맥이 감싸 돌아 작은 분지를 만들어 마치 궁 안에 들어온 것과 같으며, 주산의 형세가 온화하고 넉넉하여 큰 집이나 높은 궁전 같은 곳이 그 다음이다. 그리고 사방의 산이 멀리 있어 들이 널찍하고 산줄기가 평지로 뻗어 내려 강을 만나 그친 곳이 그 다음으로 좋다.

가장 꺼려야 할 곳은 뻗어 내린 산줄기가 약하고 둔하며 생기가 없거나, 산 모양이 무너지고 기울어져 길한 기운이 적은 곳이다. 무릇 땅에 밝은 기운과 길한 기운이 없으면 인재가 나지 않는다. 이런 까닭에 산세를 가리지 않을 수 없다.

대개 시골에서는 물 가운데나 물가를 가릴 것 없이 토질이 모래로서 굳고 조밀하면 우물물이나 샘물이 맑고 차다. 이와 같은 곳이면 살기에 적당하다. 만약 붉은 진흙이거나 검은 자갈밭이라거나 황토라면 이는 죽은 흙이다. 이런 땅에서 솟아나는 우물이나 샘물에는 반드시 독기가 있어 살 만한 곳이 못 된다.

물이 없는 땅은 사람이 살 곳이 못 된다. 산은 물과 짝한 다음이라야 비로소 생성의 묘미를 다할 수 있기 때문이다. 그러나 물이 흘러들고 흘러나감은 반드시 지리에 합당해야만 비로소 강산의 정기를 모아 기르게 된다. 이에 대해서는 풍수가의 책이 있으므로 이론을 다 쓰지 않겠다.

그러나 집터는 묏자리와 달라서 물이 있어야 재산이 생긴다. 그러므로 물이 고여 있는 물가에는 부유한 집과 이름난 마을이 많다. 비록 산중이라 하더라도 역시 시냇물이 모이는 곳이라야 대를 이어 오래 살 만한 터가 된다.

무릇 조산에 돌로 된 추한 봉우리나 비뚤어지고 외로운 봉우리가 있거나, 무너지거나 떨어져 나간 모양이 있거나, 엿보거나 넘보는 모양이 있거나, 이상한 돌과 괴이한 바위가 있어 산 위와 산 아래에서 보이거나, 긴 골짜기에 사砂(터의 전후좌우에 보이는 산과 물)가 있는 곳은 모두 살 만한 곳이라 할 수 없다. 산은 멀리 떨어져 있으면 맑고 빼어나 보이고, 가까이 있으면 밝고 깨끗해 보여야 한다. 한번 바라보면 사람들이 기쁨을 느끼고 험상궂고 밉살스런 모양이 없어야 좋은 것이다.

앞으로 흘러드는 물이란 물 너머의 물을 가리킨다. 작은 시내와 작은 개울

물은 거슬러 흘러드는 것이 좋다. 반면 큰 내와 강이 거슬러 흘러드는 것은 좋지 않다. 대개 큰 강이 거슬러 흘러드는 곳은 집터나 묏자리를 가릴 것 없이 처음에는 흥할지 모르나 오래가면 필히 망하고 만다. 그러므로 들어오는 물은 항상 경계해야 한다.

흘러드는 물은 반드시 산맥의 좌향(묏자리나 집터의 등진 방향에서 정면으로 바라보이는 방향)과 음양의 두 기운이 합치되면서 구불구불하게 유유히 흘러들어오는 것이 좋다. 반면 한 줄로 활을 쏜 것처럼 흘러들면 좋지 않다. 이런 까닭에 장차 집과 정사를 지어 자손에게 대를 전하고자 하면 지리를 돌아보아 가리지 않으면 안 되는데, 이 여섯 가지가 그 요지다.

무엇으로 생리를 논할 것인가? 사람이 이 세상에 나서 바람과 이슬만을 마시며 살 수 없고, 깃털로 의복을 대신할 수 없다. 그러므로 누구든 부득이 먹고 입는 일에 종사하지 않을 수 없다. 위로는 조상과 부모를 받들고, 아래로는 처자와 노비를 거두어야 하므로 재산을 다스려 살림을 키우지 않을 수 없다.

공자도 "넉넉하게 된 뒤에야 가르친다"라고 했으니, 어찌 헐벗고 밥을 빌어 먹으면서 조상의 제사를 받들 수 있겠는가. 부모 봉양도 못하고 처자에 대한 도리도 모르는 자에게 어찌 도덕과 인의를 말할 수 있겠는가.

세상인심이란 것이 헛된 이름을 높이기에만 힘쓸 뿐 실용을 등진 지 오래다. 세상 또한 지키기 어려운 일을 억지로 강조하는 까닭에 남몰래 나쁜 짓을 하면서 겉으로만 착한 척하는 것이 없지 않다. 그러므로 "먼저 의식의 원천이 되는 일에 힘쓰고, 그 뒤에 예의의 발단이 되는 것을 다스린다"라는 말은, 사람들로 하여금 본성을 숨기지 않고 나타내도록 하자는 것이다.

푸른 소나무를 벗 삼고 흰 구름을 짝하며, 돌을 베개 삼고 흐르는 물에 이를 닦으며, 아침 안개 속에서 밭 갈고 달빛 아래서 물을 긷는다면, 그 뜻이 어찌 아름답지 않겠는가. 그러나 이런 일은 그 옛날 예의가 갖추어져 있지 않고 온 세상 사람들이 함께 백성의 자리에 머물러 있을 때의 일이다. 만일 이러한 뜻을 규범으로 삼는다면 의례를 치르는 데 주관하는 사람을 모실 필요가 없고, 예법에 따라 혼인을 치를 필요도 없으며, 상을 치르는 데 반드시 관을 쓸 필요가 없고, 제사에도 제기를 쓸 필요가 없을 것이다. 이런 일을 어찌 오늘날에 행할 수 있겠는가.

이런 까닭에 인간이 한세상 살아가고 또 죽은 이를 보내는 데는 모두 재물이 필요하다. 그러나 재물은 하늘에서 그냥 내려오거나 땅에서 솟아나지 않는다. 그러므로 사람이 살 만한 곳으로는 기름진 땅이 으뜸이다. 그 다음으로는 배와 수레, 사람과 물자가 모여 필요한 물건을 서로 교류하는 곳이다.

비옥한 땅의 조건

땅이 기름지다 함은 오곡이 잘 자라고 면화가 잘 되는 곳을 가리킨다. 제일 좋은 곳은 벼 한 말을 심어서 60두를 거둘 수 있는 곳이요, 다음은 40~50두를 거둘 수 있는 곳이며, 30두 이하를 거두는 곳은 땅이 메말라 사람이 살기 어렵다.

우리나라에서 가장 비옥한 땅은 오직 전라도의 남원과 구례, 경상도의 성주와 진주 등지다. 벼 한 말을 심어서 가장 많이 나는 곳은 140두를 거두고, 그 다음은 100두를 거두며, 적어도 80두는 거둔다. 그러나 나머지 고을은 그렇지 못하다.

경상 좌도는 땅이 메마르고 백성들 또한 가난한 반면, 경상 우도는 기름지다. 전라도는 지리산 곁에 자리한 좌도는 모두 기름지지만, 바다와 가까운 고을은 물이 없고 가뭄이 많다. 충청도 내포와 차령 이남은 기름진 땅과 메마른 땅이 반반이며, 가장 비옥한 곳이라 해도 종자 한 말로 60두 이상은 거두지 못한다. 차령 이북에서 한강 남쪽까지도 역시 기름진 곳과 메마른 땅이 반반이지만 차령 남쪽보다 못하다. 기름진 곳이라도 40두를 넘지 못한다. 한강 북쪽은 대개 땅이 메마르다.

동쪽 강원도에서 서쪽 개성부에 이르기까지는 논 한 마지기에 겨우 30두를 거두며, 그보다 못한 곳은 이에도 미치지 못한다. 강원도의 고개 동쪽(영동) 아홉 고을에서 함경도에 이르는 지역은 땅이 더욱 메마르고, 황해도는 기름진 땅과 메마른 땅이 반반이다. 평안도 산속 고을은 땅이 메마른 반면, 바닷가의 여러 고을은 제법 기름져 충청도에 못지않다.

밭으로 말하자면 산골 마을에서는 조를 많이 심고, 해안가 마을에서는 오직 콩과 보리를 심는다. 들판에 있는 고을 가운데 산과 바다에서 멀리 떨어진 곳은 어느 작물이라도 잘 된다.

목화는 영남과 호남에서 가장 잘 되는데, 산골이나 바닷가 모두 좋다. 반면 강원도 영동에서 북쪽 함경도에 이르는 땅에서는 목화의 종자조차 찾을 수 없으며, 심는다 해도 자라지 않는다. 강원도 영서 지방 또한 산 기운이 차서 목화 재배에 적당하지 않다. 오직 원주와 춘천 가까운 들에서 조금 재배되나 겨우 자랄 정도다.

경기도 한강 이북의 산중 마을 또한 산이 높고 물이 차 목화 재배에 적당하지 않다. 비록 들에 있는 마을이라 해도 어떤 곳에서는 심고 어떤 곳에서는 심지 못하는데, 오직 개성부에서만 많이 재배한다. 한강 남쪽 바닷가 여러 고을과 충청도 바닷가의 내포, 임천, 한산 등지도 모두 목화 재배에 적당하지 않다. 심는다 해도 땅이 단단하지 못하여 잎만 무성하게 자라고 꽃이 피지 않는다. 한강 남쪽, 바다에서 멀리 떨어진 지방에서는 간혹 재배하나 극히 드문 편이다. 오직 충주 부근의 괴산, 연풍, 청풍, 단양 등지에서는 많이 재배하나 차령 이남과는 비교할 수 없다. 차령 이남에서는 고을마다 면화를 심는데, 황간 · 영동 · 옥천 · 회덕 · 공주가 가장 잘 되고, 청주 · 문의 · 연기 · 진천 등이 그 다음이다.

황해도는 바닷가 고을은 목화 재배에 적당하지 않지만, 산간 마을과 들 가운데 마을은 모두 땅이 알맞아 많이 재배한다. 평안도 산간 지방에는 재배가 드물지만, 들 가운데 마을은 모두 재배에 적당하다.

그 밖에도 진안의 담배밭, 전주의 생강밭, 임천과 한산의 모시밭, 안동과 예안의 왕골밭 등이 우리나라에서 첫째가는 밭으로, 부자들이 이익을 독점하는 자원이다. 이것이 우리나라 밭의 대략이다.

교역이 활발한 강과 하천

물자 교역은 신농씨가 만든 법으

중국 고대의 전설적인 제왕으로, 농업 · 의학 · 음악 · 점복 · 경제의 시조로 여겨진다. 그는 나무를 절단하거나 휘어 보습과 쟁기술을 만들어 백성들에게 농사를 가르쳤고, 해가 중천에 뜨면 시장을 세워 백성로 하여금 물물 교역을 하게 했다.

로, 이런 방법이 아니면 재물이 생겨날 수 없다. 물자 운반과 교역에서 말은 수레만 못하고, 수레는 배만 못하다. 우리나라는 산이 많고 들이 적어 수레가 다니기 불편하므로 온 나라의 장사꾼이 말에 짐을 싣고 다닌다. 그러나 가고자 하는 곳이 멀면 노자가 많이 드는 반면 수익은 적다. 따라서 물자 교역에서는 배를 통한 운반이 이익이 가장 크다.

우리나라는 동·서·남이 모두 바다로서, 배가 통하지 않는 곳이 없다. 그런데 동해는 바람이 세고 물살이 거세어 경상도 동해안 여러 고을과 강원도 영동, 함경도 전 지역의 배는 서로 왕래하지만, 서남해의 배는 동해 물살에 익숙하지 않아서 왕래가 드물다. 서남해는 물살이 느린 까닭에 남쪽의 전라도와 경상도에서 북쪽의 한양과 개성에 이르기까지 장사꾼이 끊이지 않고, 또 북쪽으로 황해도·평안도와도 통한다.

배를 이용하는 장사꾼은 반드시 강과 바다가 통하는 곳에서 이익을 얻고 외상 거래도 한다. 경상도에서는 김해 칠성포가 낙동강에서 바다로 들어가는 길목이 된다. 여기에서 북쪽으로는 상주까지 거슬러 올라갈 수 있고, 서쪽으로는 진주까지 거슬러 올라갈 수 있는데, 오직 김해가 그 출입구를 관장한다. 김해 칠성포는 경상도 전체의 수구에 위치하여 남북으로 바다와 육지의 이익을 모두 차지하고, 관청이나 개인이 모두 소금 판매로 큰 이익을 얻는다.

전라도에서는 나주의 영산강, 영광의 법성포, 흥덕현 고창군의 사진포, 전주의 사탄이 비록 강은 짧지만 조수가 통하여 장삿배들이 모여든다. 충청도에서는 금강 한 줄기가 비록 길고 멀지만, 공주 동쪽은 물이 얕고 여울이 많아서 배가 통하지 못한다. 그러나 부여와 은진부터는 바닷물과 통하므로 백마강 아래 진강 일대까지 배가 통한다.

오직 은진의 강경만은 충청도와 전라도의 육지와 바다 사이에 위치하여 금강 남쪽의 평야 지대에서 큰 도회지가 되었다. 그러므로 어민과 산간 농민들이 모두 이곳에 와서 물건을 교역한다. 해마다 봄·여름 고기를 잡고 해초를 뜯을 때면 비린내가 마을에 가득하고, 큰 배와 작은 배들이 밤낮으로 몰려들어 항구에 담을 짓듯 가득 늘어선다. 한 달에 여섯 번 큰 장이 서는데, 멀고 가까운 곳의 화물이 모두 이곳으로 모인다.

내포에서는 아산의 공세호와 덕산의 유궁포가 수량이 많고 길이가 길다. 홍주의 광천과 서산의 성연은 비록 시냇가 항구이지만 조수가 통하는 까닭에 장삿배가 머물면서 물자를 수송한다.

경기도 해안 지방의 여러 고을은 조수가 통하는 내가 있어도 한양과 가까워 장삿배가 많이 모이지 않는다. 한양 서남쪽 칠 리쯤에 용산호가 있다. 옛날에는 한강 본류가 남쪽 언덕 아래를 따라 흘러 지나가고, 다른 줄기는 북쪽 언덕 아래로 흘러가 머물러 십 리나 되는 긴 호수를 만들었다. 서쪽으로는 염창 모래사장으로 막혀서 물이 빠져나가지 않고, 그 안에 연이 자랐다. 고려 때는 임금이 행차하여 연꽃을 구경하기도 했다. 조선조에 이르러 한양에 도읍을 정한 뒤 염창 모래사장이 갑자기 조수의 유입을 받아 파괴되었다. 그리하여 조수가 바로 용산까지 들어오게 되었고, 팔도의 화물을 수송하는 배들이 모두 이곳에 정박했다.

용산 서쪽에는 마포·토정·농암 등의 강마을이 있는데, 모두 서해와 통하므로 팔도의 배가 모여든다. 성안의 많은 대신들과 귀척들도 이곳에 정자를 짓고 놀이와 연희를 즐긴다. 그런데 지금까지 약 삼백 년 동안 한강이 차츰 얕아지기 시작하여 한강 위쪽으로는 조수가 들어오지 못하게 되었다. 염창의 모래사장에도 해마다 진흙이 생겨나 장차 막힐 것 같은 형편이니, 어찌 될지 모르겠다.

개성부 수구문 밖 십 리 되는 곳에 동강이 있다. 조수가 통하여 배가 정박하는 곳이었는데, 고려가 망한 뒤 조수가 물러가고 밀려오지 않는다. 지금은 얕은 내로 변하여 배들이 들어오지 못한다.

승천포는 개성부에서 사십여 리나 떨어져 있고, 지금은 오직 후서강만 개성과 삼십 리 정도 떨어져 있어 다른 도의 배들이 드나든다. 큰 배는 멀리 바다로 나가 장사하고 작은 배는 강을 따라 왕래하는데, 북쪽으로는 강음, 서쪽으로는 연안, 동쪽으로는 한강과 통한다.

강화와 교동 두 섬은 후서강 남쪽에 있으며, 강과 바다로 둘려 있어 생선과 소금의 생산지로 이름이 높다. 그러므로 한양과 개성에서 이익을 좇는 장사치들이 이곳에서 많은 이득을 얻는다.

평안도에서는 평양의 대동강과 안주의 청천강이 배가 통하여 이익이 있는 곳이다. 그러나 남쪽으로는 장산곶이라는 험한 지형이 자리하고 있어 남쪽의 배가 이곳에 자주 오지 못한다. 장산곶은 황해도 장연 땅이다. 땅이 바다 가운데로 들어가 뾰족한 뿔처럼 뾰족하게 되었는데, 암초와 파도의 위험이 있어 뱃사람들이 모두 두려워한다.

충청도 내포 태안 서쪽에 안흥곶이 있는데, 이곳도 장산곶처럼 땅이 바다로 쑥 들어가 있다. 바다 가운데 두 개의 바위가 뾰족하게 솟아 있고, 그 사이로 배가 지나가게 되어 있어, 뱃사람들이 매우 두려워한다. 남북 두 곳이 바다 가운데 서로 마주보고 있어 배가 지나다가 이곳에서 많이 부서진다.

전라·경상·충청 세 도에서 거두어들인 세금은 모두 배에 실어 서울로 운반한다. 그러므로 수로에는 조운을 담당하는 군졸을 두어 일 년 내내 차례로 실어 나른다. 서울의 여러 궁가와 사대부 가운데는 삼남 지방에 논이나 밭을 갖고 있지 않은 자가 없는데, 이들도 모두 거두어들인 곡식을 배로 나르기를 희망한다. 그러므로 뱃사람들이 물길에 익숙하고, 장사꾼 역시 많아서 안흥곶 지나가기를 뜰 안 밟듯이 한다.

평안도나 함경도에서는 거두어들인 세금을 서울로 수송하는 예가 없고, 그곳에 모아 두어 어명을 전하는 특사의 행차비나 변방 수비대의 군수 물자로 사용한다. 그러므로 관에서 배로 운반할 일이 없고, 사대부가 살지 않는 곳이라 개인이 운반할 일도 없다. 오직 평안도의 장삿배만이 가끔 서울로 왕래한다. 혹 외지에서 개인의 장삿배가 오기도 하나 삼남처럼 많지는 않다. 그러므로 뱃사람들이 바다를 건너는 데 익숙하지 못하여, 장산곶을 두려워하는 것이 남쪽 뱃사람들이 안흥곶 두려워하는 것보다 더하다.

조수가 통하는 곳은 제쳐 두고 오로지 강선江船이 드나드는 것만 논하자면, 강선은 작아서 바다에 나아가 큰 이익을 거둘 수 없다. 우리나라에서는 한강이 가장 크고 길며 조수도 많이 받는다.

한강 동남쪽에 있는 청풍의 황강, 충주의 금천과 목계, 원주의 흥원창, 여주의 백애촌, 동북쪽의 춘천 우두촌과 낭천의 원암촌, 북쪽의 연천 징파도는, 서로 배가 통하며 장삿배를 빌리는 곳이다. 그중에서도 오직 한양이 바다와 통하고, 동서 양쪽에 있는 강으로 물자를 운반하는 배들이 모여드는 이로움이 있다. 그리하여 온 나라 안에서 부자가 가장 많다. 이것이 우리나라 뱃길과 배를 통해 얻는 이익의 대략이다.

부유한 상인이나 큰 장사꾼이 되면 앉아서 물건을 파는데, 남쪽으로는 일본과 통하고 북쪽으로는 연경과 통한다. 여러 해 천하의 물자를 수입, 수출하여 재산이 수백만 금에 이른 자도 있다. 이런 자는 한양에 제일 많고, 개성이 그 다음이며, 평양과 안주가 그 다음이다. 이들은 모두 연경과 통하는 길에 위치하여 큰 부자가 되었는데, 이는 배를 통해 얻는 이익에 비할 바가 아니다. 삼남에도 이런 부자가 없을 것이다.

그러나 사대부는 이런 일을 할 수 없다. 다만 생선과 소금이 통하는 곳을 살펴 배를 통해 이득을 얻어 관혼상제 네 가지 예를 치르는 데 드는 물자를 보탤 수 있을지니, 무엇이 해로우랴.

인심이 후한 곳, 인심 편

팔도의 인심

어찌하여 인심을 논하는가? 공자는 "마을 인심이 어진 곳이 좋다. 어진 곳을 가려서 살지 아니 하면 어찌 지혜롭다 하리오"라고 했고, 맹자의 어머니가 세 번이나 집을 옮긴 것도 아들을 훌륭하게 가르치고자 함이었다. 살 고장을 찾을 때 어진 풍속을 가리지 않으면 자신뿐만 아니라 자손에게도 해가 되어 좋지 않은 풍속이 스며들 우려가 있다. 그러므로 살터를 잡는 데 그 지방의 풍속을 살피지 않을 수 없다.

우리나라 팔도 중에서는 평안도 인심이 순후해서 제일이요, 풍속이 질박하고 진실한 경상도가 그 다음이다. 함경도는 오랑캐와 마주하고 있어 백성들이 모두 굳세고 사나우며, 황해도는 산수가 험한 까닭에 대부분의 백성들이 사납고 모질다. 강원도는 백성들이 산골에 있어 몹시 어리석고 거칠며, 전라도는 오로지 간사한 것을 좋아하여 그른 일에 쉽게 움직인다. 경기도는 도성 밖 들판의 고을은 백성들의 재물이 보잘것없고, 충청도는 오로지 세도와 이익이 될 만한 것만 좇는다.

　이것이 팔도 인심의 대략이다. 그러나 이는 서민을 두고 하는 말일 뿐 사대부의 풍속은 그렇지 않다.

사대부의 인심

　우리나라의 관제는 고대와 달라서 비록 삼정승과 육조판서를 두어 많은 관청을 감독하고 통솔하지만, 사헌부와 사간원을 더욱 중히 여겼다. 관리의 풍문을 조사하고, 작은 일이라도 잘못이 자신에게 있으면 그 벼슬자리를 피하고, 법규를 마련하여 오로지 의론으로써 정치를 했다.

　내외 관원을 임명하는 권한도 삼정승이 아닌 이조에 속했다. 또한 이조의 권한이 너무 커질 것을 염려하여, 홍문관 · 사헌부 · 사간원 삼사를 임용하는 것은 판서에게 맡기지 않고 낭관에게 전담하도록 했다. 이에 이조의 정랑과 좌랑이 삼사의 인재를 추천하는 권한을 맡게 되었다. 삼공육경이 비록 벼슬이 크고 높지만 조금이라도 불미스러운 일이 있으면 이조의 낭관이 삼사의 신하들로 하여금 이를 논박하게 했다.

　조정의 풍속이 염치를 숭상하고 명예와 절개를 중히 여기므로 한번 탄핵을 받으면 그 자리를 물러나야 했다. 그러므로 전랑의 권력은 곧 삼공과도 같았다. 이는 높은 벼슬과 낮은 벼슬이 서로 유지되고 상하 간에 서로 견제하도록 한 것이다.

그리하여 나라를 세운 이래 삼백 년 동안 큰 권세로 농간한 신하가 없었고, 신하의 세력이 커져 임금이 뜻대로 다스리지 못하는 폐단도 없었다. 이것은 태조가 임금이 허약하고 신하가 전횡한 고려 때의 폐단을 거울삼아 예방하고자 하는 뜻을 조용히 마련했기 때문이다.

이런 까닭에 삼사 가운데 명망과 덕이 있는 자를 철저히 가려 전랑으로 삼았고, 또 그 스스로 후임자를 추천하게 했다. 추천권을 이조의 관장에게 맡기지 않은 것은, 인사권을 중히 여겨 오로지 모든 것을 공론에 붙이려 했기 때문이다. 그래서 품계를 올릴 때도 반드시 전랑을 우선으로 올려 임명한 뒤에 다른 관청까지 올리게 했다.

한번 전랑을 지내 다른 큰 사고가 없으면 쉽게 공경의 자리에 오를 수 있었다. 이렇듯 이조의 전랑에게는 명예와 이로움이 따르므로 젊은 신진들 가운데 희망하지 않는 자가 없었다. 그러나 이 제도를 실시한 지 오래되자 인재를 추천할 때 선과 후, 수용과 거부 사이에 논쟁이 없을 수 없었다.

동서 당쟁과 임진왜란

선조 때 김효원이 명망이 있어 전랑에 추천되었는데, 임금의 외척인 이조참의 심의겸이 그를 반대했다. 김효원은 명문가의 자손으로 학행과 문장이 뛰어났고, 현명한 사람을 추천하고 유능한 사람에게 사양하기를 좋아하여 젊은 선비들에게 신망이 높았다. 이에 선비들이 시끄럽게 들고 일어나 심의겸을 가리켜 어진 이를 막고 권력을 농락하는 자라고 공박했다.

심의겸은 비록 외척이지만 일찍이 간사한 무리를 물리치고 선비들을 도와서 자리를 잡게 한 공이 있었다. 이에 원로 대신들이 그를 옹호하고 나섰다. 결국 선배와 후배가 서로 갈라져 작은 일이 커지게 되었으니, 계미년(1583년)과 갑신년(1584년) 사이에 비로소 동, 서라는 이름으로 나누어졌다.

당시 김효원의 집이 동쪽에 있었으므로 그를 지지하는 무리를 동인이라 했고, 심의겸의 집이 서쪽에 있었으므로 그를 지지하는 무리를 서인이라 했다. 동인은 김효원·류성룡·김우옹·이산해·정지연·정유길·허봉·이발 등을 추대했고, 서인은 심의겸·박순·정철·윤두수·윤근수·구사맹 등을 추대했다. 이것이 곧 붕당의 시작이다.

이보다 앞서 영상 이준경이 임종하면서 다음과 같은 표문을 남겼다.

"벼슬하는 자들 사이에 장차 붕당이 일어날 것입니다."

옥당(홍문관의 별칭)의 율곡 이이는 상소를 올려 군신 사이를 이간하는 말이라고 배척하고는 "죽어 가는 사람의 말이 좋지 않다"라고 나무라기까지 했다. 그러나 당파가 갈리게 되자 율곡은 자신의 말이 옳지 않았음을 근심하여 동인과 서인 사이에 들어 양쪽을 화해시키는 데 힘썼다.

그러나 나라가 여러 차례 사화를 치른 것이 모두 외척에 의한 것이었으므로 선비들이 외척을 미워했다. 마침 심의겸이 외척인 까닭에 백성들이 크게 분노했다. 그때 인순왕대비(명종의 비이자 심의겸의 누이동생)가 죽고 선조가 종중의 지파로서 양자로 대통을 잇자, 심의겸의 궐내 연줄이 완전히 끊어졌다. 그런데도 동인은 명분에 집착하여 지나치게 공격했으며, 심의겸을 지지하는 자는 모두 그르다고 공박했다. 신진 선비들은 아름다운 명분만을 높이 샀으므로 동인의 수는 많아졌다. 율곡이 처음에는 조정해 보려고 힘을 썼으나, 선비들의 논의가 점차 격렬해짐을 보고 대사헌이 되어서는 심의겸을 탄핵하기까지 했다. 이로 보건대 그는 분명 서인은 아니었다.

그가 병조판서로 있던 어느 날, 옥당 홍적의 집에 갔다가 홍적이 쓴 시를 읊었다.

지는 꽃잎이 높게도 낮게도 날아 고르지 않네.

율곡이 이 시를 두고 당시唐詩의 격조가 있다고 칭찬했다. 그때 명사들이 많이 모여 있었는데, 홍적이 이렇게 말했다.

"우리가 모인 것은 공을 탄핵하는 일 때문이오."

율곡이 말했다.

"이미 공적인 논의가 있었으면 내가 여기에 있을 수 없소."

그러고는 드디어 일어나 나가 버렸다. 허봉이 율곡을 탄핵하는 상소를 올리자(동인의 선봉인 허봉이 경기도 순무어사로 수원을 살피던 중, 군사 행정이 잘못된 것을 보고 부사 한응과 병조판서 이이의 잘못을 들어 탄핵했다) 임금이 노하여 허봉을 귀양 보냈다. 대사간 송응개가 또 율곡을 탄핵하자 임금이 그를 귀양 보냈고, 도승지 박근원이 동료들을 이끌고 엎드려 이 일을 다시 아뢰자 임금이 그도 역시 귀양을 보냈다. 이 일을 두고 삼찬三竄, 즉 '세 차례의 귀양'이라 이른다.

그러나 허봉이 탄핵한 내용에는 뜬소문이 많고 실상이 적었다. 이에 심의겸을 따르는 자 가운데 율곡을 지지하는 자가 많아졌고, 서인의 수 또한 늘어났다.

율곡은 유학자로서 이름이 높았고 또 서인으로 자처하지 않았으나, 세 차례 귀양 보낸 일에 손을 쓴 것은 경솔했다. 이 일로 조정이 혼란에 빠져 다시 수습할 수 없게 되었으니, 그 책임을 면하기 어렵다. 얼마 후 율곡은 죽었다.

기축년(1589년)에 **정여립** 옥사 사건이 있었는데, 임금이 정철을 위관으로 삼아 옥사를 다스리게 했다. 정철은 동인 중 평소에 과격한 자를 모두 죽이거나 귀양을 보냈다. 그로 인해 조정이 텅 비게 되었다. 기축년(1589년)에서 신묘년(1591년)까지 옥사가 그치지 않고 오히려 더 퍼져 그 범위가 매우 넓어졌다.

전주 출신의 사상가로, 본래 서인이었으나 후에 동인에 가담하여 선조의 눈 밖에 났다. 이에 고향으로 내려간 그는 오히려 명성을 얻게 되었고, 진안의 죽도에 서실을 열고 대동계를 조직했다. 그러나 그의 활동을 시기한 세력이 그가 모반을 꾀한다고 고변했다. 정여립은 관군을 피해 아들과 함께 죽도로 피신했다가 그곳에서 스스로 목숨을 끊었다.
한편 정철은 이 사건을 동인 세력을 제거하는 절호의 기회로 활용하여 약 천 명에 가까운 선비를 죽이거나 숙청했다. 이때부터 전라도는 반역의 땅이라는 낙인이 찍혔다.

당시 이산해는 영의정이었고, 정철은 좌의정이었다. 이산해는 정철이 옥사를 빙자해 자신의 세력을 제거하려 한다고 의심하여 뜬소문을 퍼뜨렸다. 이에 임금이 간단한 명령을 적은 문서를 승지에게 내려 의금부에서 옥사를 다스리고 있던 정철을 쫓아냈다. 사헌부와 사간원도 함께 정철의 죄상을 논하는 글을 올려 그를 멀리 강계로 귀양을 보냈다. 정철에게 또 벌을 더하고자 했으나 이산해가 옳지 않다 하여 그만두었다.

정철이 귀양 가자 이산해는 동인 가운데 정철에게 쫓겨났던 자들을 불러 조정의 관직을 메웠고, 정철을 따르던 서인들을 내쫓았다. 이것이 신묘년(1591년)에 벌어진 일진일퇴의 정국이다. 이때부터 동인이 정국을 전담했다.

임진년(1592년)에 선조가 피난하다가 개성에 이르러 잠깐 머물 때였다. 종실 가운데 한 사람이 나서서 상소하기를, 김공량(후궁 인빈의 오라버니)이 궐내와 통하여 정사를 어지럽힌 죄를 다스릴 것을 청했다. 또한 이산해가 나라를 그르친 죄를 논박하며 그를 귀양 보낼 것을 청했다. 이에 임금이 이산해만 귀양 보낼 것을 명했다. 이산해는 재상에서 파직당하고 평해로 유배되었다.

임금이 남문루에 올랐을 때 마침 정철을 소환하도록 청하는 글을 올리는 자가 있었다. 임금이 정철을 사면하여 행재소(임금이 궁궐을 떠나 있을 때 임시로 머무는 곳)로 오도록 했다. 임금이 의주에 이르러 승정원에 시 한 수를 내렸다.

국경의 달 바라보며 통곡하고
압록강 찬바람에 마음이 아파라.
조정 신하들은 오늘 이후에도
다시 동, 서로 다툴 것인가.

임금이 환궁한 뒤에도 왜군은 남해에 주둔하면서 떠나지 않았다. 조정에서는 밖으로는 왜적을 방비하고, 안으로는 명나라 장수를 접대하느라 여러 가지 일이 많았다. 동인과 서인은 같이 벼슬하면서도 서로 공격할 틈이 없었다.

남인과 북인

무술년(1598년)에 도요토미 히데요시가 죽자 왜병이 철군하기 시작했다. 이때 이산해는 사면되어 서울로 돌아와 전관 대신이 되었고, 그의 아들 이경전은 이미 과거에 올라 있었다. 옥당 관원을 뽑게 되었는데, 이경전이 글을 잘한다는 명성이 있고 또한 대신의 아들이라 당연히 전랑에 천거되었다. 대개 조정의 관례에 따르면 옥당 관원을 뽑을 때 이조 낭관이 선출된 자 가운데 첫째가는 인재를 골라 자신의 후계자로 추천한다. 이것을 이조홍문록이라 한다.

당시 영남 사람 정경세가 전랑으로 있었는데, 이경전이 추천되는 것을 막고자 이렇게 말했다.

"이경전은 유생 때부터 남에게 비방을 많이 들었으므로 이조에 끌어들여서는 안 된다."

호가 한음. 오성 이항복과 절친한 친구였다. 이산해의 사위이며 문학에 뛰어났다. 임진왜란이 일어나자 명나라에 가 원병을 요청하여 성사시켰고, 돌아와서는 명나라 장수 이여송을 접대하는 일을 맡아 그와 행동을 같이했다. 후에 영의정에 올랐으나 영창대군 처형과 폐모론에 이항복과 함께 반대하다가 광해군에 의해 삭탈당했다.

이산해와 그를 따르는 자들이 모두 크게 노했다. 그때 **이덕형**이 재상으로 있었는데, 사람을 시켜 이준에게 이렇게 청했다.

"자네가 경임(정경세의 자)에게 말하게. 만약 이경전이 전랑에 천거되는 것을 막으면 반드시 큰 풍파가 일어날 터이니, 이는 조정을 편안하게 하는 도리가 아닐세. 이는 내가 사사로이 하는 말이 아닐세."

이준은 정경세와 고향이 같고, 이경전은 이덕형의 처남인 까닭에 그렇게 말한 것이다. 그러나 정경세는 듣지 않았다.

얼마 뒤 대간 남이공이 정승 류성룡을 참혹하게 탄핵했다. 정경세는 본래 류성룡의 제자이므로, 이산해는 류성룡이 정경세를 사주한 것이 아닌가 의심했다. 그러므로 남이공을 시켜 류성룡을 탄핵하도록 한 것이지, 류성룡에게 죄가 있어서가 아니었다.

이에 류성룡을 지지한 이원익·이덕형·이수광·윤승훈·한준겸을 모두 남인이라 불렀는데, 이는 류성룡이 영남 사람이기 때문이다. 반면 이산해를 지지한 유영경·기자헌·박승종·유몽인·박홍구·홍여순·임국로·이이첨을 모두 북인이라 불렀는데, 이는 이산해의 집이 서울에 있었기 때문이다. 동인이 비록 남인과 북인으로 갈라졌으나 남인은 아주 적었다.

대북과 소북

선조 말기부터 북인이 십 년 동안 나라 일을 맡아보았다. 광해군이 즉위하자 서인과 남인은 모두 세력을 잃었다. 얼마 뒤에는 북인이 다시 대북과 소북으로 갈라졌다. 인목대비 폐모를 주장하는 자들은 대북이고, 이에 의견을 달리하는 자들은 소북이다. 대북은 이이첨을 우두머리로 허균·한찬남·이성·백대형 등이 도왔고, 소북은 남이공을 우두머리로 기자헌·박승종·유희분·김신국이 도왔다. 이들의 벼슬은 비록 남이공보다 높았지만 폐모론을 배척함으로써 소북을 도왔다.

이경전이 처음에는 이이첨과 잘 지냈으나 후에 여러 사람들이 이이첨을 미워하는 것을 보고 자신에게도 화가 미칠까 두려워했다. 그리하여 계축년(1613년)에 자신의 아들 진사 이부를 시켜 이이첨을 참할 것을 청하는 상소를 올리게 했다.

그때 마침 이이첨이 이경전과 함께 바둑을 두고 있었는데, 소보小報(승정원에서 그날의 일을 간추려 관원에게 알리던 문서)가 왔다. 진사 이부가 이이첨을 참하자고 청하는 상소가 있다는 것을 알고 이이첨이 놀라며 말했다.

"공의 아들이 나를 죽이려고 하오."

이경전이 말했다.

"어찌 그럴 리가 있겠소. 분명 같은 이름을 가진 자가 있을 것이오."

이이첨은 그 말을 믿고 바둑을 마치고 일어났다. 그후 이이첨이 자신이 속은 것을 알고 이경전과 절교했다. 그때부터 이경전은 소북이 되었다.

인조반정과 서인의 집권

계해년(1623년)에 인조가 서인 김류, 이귀, 홍서봉, 장유, 최명길, 이서, 구인후 등을 거느리고 반정하여 대북파를 모조리 죽였다. 이에 서인이 집권하면서 남인과 소북을 등용했다. 그러나 이후 소북은 스스로 일어나지 못해 남인이 되거나 서인이 되었고, 소북이라 칭하는 자는 극히 적어 다시 회복하지 못했다.

그 후 반정 공신들 가운데 교만하고 방자한 자가 늘어나자 인조가 강한 자를 누르고 약한 자를 도우려 했다. 그리하여 남인 출신의 대간이 서인을 공박하면 반드시 남인을 두둔했다. 김류가 임금의 뜻을 돌이킬 수 없음을 알고 자신의 세력을 잃을까 두려워하여 자기편에게 은밀히 명을 내렸다.

"이조참판 아래의 벼슬은 모두 남인에게 줄 수 있으나, 이조판서 위의 벼슬과 의정부의 관직은 줄 수 없다."

그리하여 당하관 중에도 청관인 한림과 이조낭관 · 이조참의 · 이조참판까지는 서인과 남인이 함께 벼슬했지만, 아경이 되면 품계를 올려 주지 않았다. 혹 품계를 올려 주더라도 이조판서 자리는 내어 주지 않았다. 오직

이조판서 이수광의 아들이다. 1609년에 문과에 급제한 뒤 여러 벼슬과 판서를 거쳤고, 병자호란 때는 남한산성에서 인조를 모셨다. 세자가 청나라 심양에 인질로 끌려가게 되자 좌의정으로 수행했으며, 두 차례 청나라에 사신으로 다녀온 뒤 1641년에 영의정이 되었다.

이성구 만 병자호란을 틈타서 의정부의 수석을 차지했다.

효종이 초년에 김자점을 제거하고자 특별히 서인인 송시열과 송준길을 등용했다. 김자점을 죽인 뒤에는 두 송씨를 대관으로 발탁했다.

서인의 분열

현종 말년에 남인인 허목, 윤휴, 윤선도가 기해년(1659년)에 있었던 국례를

그르쳤다 하여 두 송씨를 공박하자, 현종이 그 말을 받아들여 바로 고쳤다. 이때 남인인 허적이 수상이 되어 임금의 유언을 부탁받았다.

숙종 초에도 허적이 나랏일을 도맡아 보았다. 이보다 앞서 대비의 친정아버지 청풍부원군 김우명이 그 아비를 장사 지낼 때 수도隧道(무덤 속 관을 두는 곳에 굴을 뚫고 문을 달아서 사람이 드나들 수 있게 하고, 사철 새 옷과 음식을 바칠 수 있게 한 것이다)를 썼는데, 송시열이 이를 크게 공박했다. 이에 김우명이 민신이 아버지를 대신해 거상居喪한 일을 들어 두 송씨를 공격하자 이들 사이에 크게 틈이 벌어졌다.

그러자 김우명의 조카 김석주가 허적과 합세하여 남인을 끌어들였고, 예식을 그르쳤다는 이유로 송시열을 공격하여 귀양을 보냈다. 이로써 서인과 남인의 다툼이 시작되었고, 김석주는 일 년 만에 옥당에서 병조판서로 뛰어올랐다.

경신년(1680년)의 일이다. 허적의 서자 허견은 본래 교만하고 방자했다. 그는 급제를 하고도 항상 높고 좋은 자리에 오르지 못함을 한하여 제 분수에 맞지 않는 일에 뜻을 두었다. 그리하여 종실인 정楨과 남枏 형제와 사귀었고, 김석주와는 차츰 틈이 벌어졌다. 김석주가 이를 의심하여 가신인 정원로로 하여금 허견의 동정을 살피게 했다. 이로써 허견이 정과 남과 왕래하면서 요망한 말로써 음모를 꾸미고 있음을 알았다.

이때 임금이 허적에게 안석과 지팡이을 하사하고 잔치를 베풀어 주었다. 술과 풍악을 내리고 백관에게 명하여 잔치에 참석하게 함으로써 그를 총애했다. 이날 김석주는 잔치에 참석하지 않고 바로 대궐로 들어가 정원로의 말을 아뢰었다. 임금이 즉시 명을 내려 국청을 설치하고 허견과 정원로를 잡아들여 대질하게 했다. 허견이 드디어 자복하자 곧 수레로 그의 사지를 찢어 죽였다. 이로써 옥사가 크게 일어나 정과 남을 비롯해 허적·윤휴·오정창이 죽임을 당했고, 유혁연·이원정·조성·이덕주도 화를 입었다. 이들은 모두 재상이었다. 이에 남인은 물러가고 서인이 다시 진출했다.

임술년(1682년)에 다시 허새의 옥사(병마절도사 김환이 허새를 고변하여 역모죄로 처형했는데, 이는 뒷날 남인을 숙청하기 위한 서인의 조작극으로 밝혀졌다)가 일어나 여론이 들끓었고, 서인은 다시 노론과 소론으로 갈라졌다. 노론은 김석주와 김만기가 우두머리이고, 송시열·김수항·김수흥·민유중·민정중이 도왔다. 소론은 조지겸이 우두머리이고, 한태동·오도일·남구만·윤지완·박태보·최석정이 도왔다. 노론이 남인을 모조리 죽이려고 하자 소론이 이의를 제기했다. 이로써 서인은 노론과 소론으로 갈라졌다.

경신년 이후 십 년 만에 남인인 민암과 민종도 무리가 세도를 잡았다. 그들은 경신년 옥사로 억울하게 죽은 이의 원한을 풀어 주었다. 그러나 오직 정과 남 형제만은 신원해 주지 않았다. 그들은 또한 송시열, 김수항, 이사명, 김익훈도 죽였다.

육 년 뒤 다시 서인이 득세하여 민암과 이의징을 죽였다. 이때부터는 노론과 소론이 함께 국정을 맡았지만, 수십 년 동안 조정에서 서로 다투었다. 숙종 말기에 이르러서는 노론이 정권을 독차지하면서 소론을 쫓아냈다.

경종 신축년(1721년)에는 조태구와 최석항이 정사를 주물러 노론을 쫓아냈다. 임인년(1722년)에는 다시 옥사를 일으켜 노론 재상인 이이명, 김창집, 이건

명, 조태채를 죽였다.

탕평책과 전랑의 권한 폐지

지금 임금(영조) 초에는 노론을 기용하고 소론을 배척했다. 그후 정미년(1727년)에 소론이 다시 진출했다. 무신년(1728년)에는 변란이 일어나서 김일경과 박필몽이 역적으로 몰려 차례로 죽임을 당했고, 이사상·이진유·윤성시·서종하·이명 또한 같은 무리로 몰려 죽었다. 이에 소론 재상 조문명과 노론 재상 홍치중이 처음으로 탕평론을 주장했고, 그에 따라 노론·소론·남인·북인 사색이 같이 등용되었다.

지금 임금 경신년(1740년)에 경연(학식과 덕망이 높은 신하가 정기적으로 임금과 경서를 강론하던 자리)에 참석했던 신하들이, 붕당이란 이조 전랑에서 비롯된 것이므로 그 권한을 없애 편파적인 논쟁이 일어나지 않도록 할 것을 청했다. 임금이 그 말을 옳다 여기고 그대로 허락했다. 그리하여 전랑이 자기 후계를 천거하는 제도와 삼사의 관원을 추천할 때 갖던 발언권을 없애라고 명했다. 이로써 전랑의 지위가 낮아져서 다른 관청의 낭관들과 같아졌으며, 비로소 삼백 년 동안 내려오던 법이 폐지되었다.

국조 중엽인 선조 때는 인재가 수풀처럼 많았다. 신진들 모두 명망을 닦아 전랑에 천거되기를 바라지 않는 자가 없었다. 한 관리가 여럿이 모인 가운데 아이를 불러 말에게 콩을 더 주라 했다. 또 다른 관리는 여럿이 모인 가운데

뜰에 널어놓은 벼에 앉은 새를 손으로 쫓았다. 이를 본 주위 사람들이 이 두 사람을 비루하다 여겨 전랑에 추천하지 않았다.

이 두 가지 일은 진실하고 성품이 관대한 사람에게 있을 수 있는 일로서, 인품의 높고 낮음과는 관계가 없다. 그런데도 동료에게 배척당했으니, 참으로 어이가 없는 노릇이다. 그러나 이를 통해 당시 인재를 선택하는 데 얼마나 엄정했는지, 그리고 선비들이 언행을 닦는 데 얼마나 힘썼는지 상상할 수 있다. 이는 곧 태조 때부터 깨끗한 행실과 좋은 벼슬로써 온 세상의 기풍을 진작시키는 도구로 삼았기 때문이다.

인조 때도 전랑에 대한 논쟁이 있어서 전랑의 권한을 없애자고 청한 자가 있었다. 임금이 대신들에게 물으니 대신들이 "선왕들의 옛 제도를 가벼이 고쳐서는 안 됩니다"라고 하여 논의를 그만두었다. 당시 대신들은 전랑의 권한을 중요하게 여기는 것은 대신들의 그릇됨을 방지하려고 한 것임을 알았기 때문에 낭관의 권한을 없애는 일에 자신이 나서려고 하지 않았던 것이다.

이제 이 제도를 폐지하자 신진 선비들을 통솔하던 힘이 없어진 까닭에 각자 자기 마음대로 생각하게 되었고, 제한이 없어짐으로써 모두 차례를 뛰어넘을 생각만 하게 되었다. 명예를 소중히 여기는 마음이 없어짐으로써 오로지 재산과 이익만을 좇아서 외직을 중히 여기고 내직을 가벼이 여기게 되었다. 모두 감사나 수령이 되고자 하니, 염치나 절개 따위는 내던져 버리고 반성하거나 절제하는 자세가 없어졌다.

조정에서 탕평책을 실시한 지 오래되자 사색이 함께 벼슬하게 되어 벼슬자리는 적고 오를 사람은 많아졌다. 경쟁이 극심해진 데다가 전랑의 권한마저 폐지되어 혼란이 더욱 심해졌다. 그리하여 탐욕의 기풍이 성행하고, 벼슬 아치의 풍속이 온통 무너져 다시는 회복할 수 없게 되었으며, 조정의 큰 권한 은 재상이 모두 차지하게 되었다.

당쟁으로 변한 팔도의 인심

서울은 사색이 한곳에 모여 풍속이 뒤섞여 고르지 않고, 지방은 서북 세 도(평안·황해·함경)를 제외하고는 사색이 동남 다섯 개 도(경기·강원·충청·경상·전 라)에 나누어 살고 있다. 오직 경상도만은 모두 예안 이황의 학문을 으뜸으로 삼는데, 류성룡이 그 제자다. 남인이라는 이름이 류성룡에게서 유래했던 만 큼, 한 도의 사대부가 모두 남인이 되어 의론이 통일되어 있다. 그러나 다른 도는 고을마다 사색이 섞여 살고 있다.

이보다 앞서 율곡의 문인 김장생이 연산으로 물러가 살면서 후진을 가르 쳤는데, 회덕의 송시열과 송준길, 이산의 윤선거 형제가 그에게서 배웠다. 윤 선거의 아들 윤증 또한 송시열에게 배웠으나, 얼마 되지 않아 그들 사이에 틈 이 벌어졌다.

경신년(1740년) 이후 송시열은 노론에 가담했고, 윤증은 소론에 가담했다. 세월이 지나 회덕과 이산의 각 문인들이 마치 물과 불처럼 서로 공격했다. 그 러므로 연산과 회덕 부근은 모두 김씨와 송씨 두 집안 문인이 낳은 자손들로 가득했지만, 오직 이산 한 고을만은 모두 소론이니, 이는 세 윤씨(윤선거·윤증·

윤휴) 때문이다.

강원도와 경기도의 강에 인접해서 지은 정자 가운데는 남인의 옛 집이 많다. 전라도는 국조 중엽 이후로(정여립의 모반 사건을 가리킨다) 큰 벼슬을 지낸 자가 드물어져 인재를 기르지 못한 까닭에 인물이 적고, 사대부들은 다만 서울 친지에 따라 당색이 구별되었다. 그래서 예전에는 남인과 북인이 많았으나, 지금은 노론과 소론이 많다.

전라도에서 큰 집안이라 불리는 가문은 십여 가문에 지나지 않으며, 땅이 많아 부유한 자는 많으나 이름을 날린 자는 적다. 기대승과 이항 이외에는 선생이나 어른으로서 선비들을 지도하고 훈계할 만한 자가 없었으므로, 인심이 더욱 메말라져 위에 있는 고장에 미치지 못한다.

대개 사대부가 사는 곳은 인심이 고약하지 않은 곳이 없다. 당파를 만들어 건달패를 끌어들이고, 권세를 부려 일반 백성들을 괴롭힌다. 자신은 절제하지 못하면서 남의 비판은 듣기 싫어한다. 모두 한 지방의 우두머리가 되기만을 바라며, 당색이 다른 자와는 같은 마을에서 함께 살지 못한다. 혹시라도 다른 당색끼리 이웃하게 되면 마을끼리 상상할 수 없을 정도로 비방하고 욕한다.

신축년(1721년)과 임인년(1722년) 이래로 조정에는 노론·소론·남인 간에 원한이 날로 깊어져 서로 역적이라고 모략했는데, 그 영향이 아래로 시골까지 미쳐 하나의 전쟁터가 되었다. 서로 혼인하지 않는 것은 물론, 상대를 결코 용납하지 않았다. 다른 파벌이 또 다른 파벌과 친해지면 지조가 없다거나 항복했다고 헐뜯으며 서로 배척했다. 건달이든 종이든 한번 아무개 집 사람이라고 말하면 다른 집을 섬기고자 해도 결코 용납하지 않았다.

　사대부로서의 어짊과 어리석음, 높고 낮음은 오직 자기 파벌에서만 통할 뿐 다른 파벌에게는 전혀 통하지 않았다. 이편 인물을 다른 편에서 배척하면 이편에서는 그를 더욱 귀히 여기고, 저편에서도 또한 그러했다. 비록 죄가 천하에 가득해도 한번 다른 편에게 공격을 받으면 잘잘못을 논할 것도 없이 모두 일어나 그를 돕고, 도리어 허물이 없는 사람으로 만들어 준다. 비록 성실하고 바른 행실과 감추어진 덕이 있다 하더라도 같은 편이 아니면 그의 옳지 못한 점부터 살핀다.

　당색이 처음에는 사소한 것에서 비롯되었으나, 후손들이 조상의 주장을 지킴으로써 이백 년을 내려오며 마침내 결코 깨뜨릴 수 없는 당이 되었다. 노론과 소론은 서인에서 갈라진 지 겨우 사십여 년밖에 되지 않았으므로 형제와 숙질 간에도 노론과 소론으로 갈라진 자가 있다. 한번 편이 갈라지면 마음이 초나라와 월나라처럼 멀어져 같은 편과는 의논해도 다른 편이면 가까운 친족이라 해도 말하지 않았다. 이 지경에 이르면 하늘이 내린 성품과 윤리도 모두 없어졌다고 하겠다.

　근래에는 탕평책의 영향으로 사색이 모두 조정에 나아갔지만, 벼슬만 할 뿐 예부터 지켜 내려오던 의리는 모두 고깔 씌우듯 숨겨 버렸다. 유교 도리의 옳고 그름, 나라에 대한 충신과 역모에 대한 논의도 모두 지나간 일로 돌려 버렸다. 사납게 피를 흘리며 싸우던 버릇은 비록 전에 비해 적어졌지만, 옛 습속에다가 나약하고 게으르고 줏대 없고 매끄러운 새로운 병통이 보태졌다. 마음은 처음부터 전혀 다른 것으로 굳어져 있으면서도 입으로는 모두 한마음이 된 것 같다. 공식적인 자리와 많은 사람들이 모인 곳에서 조정 일을 말하게 되면 서로 이견을 드러내지 않으며, 대답하기 곤란하면 우스갯소리로 우물쭈물 넘겨 버린다.

그러므로 의관을 갖춘 자들이 모인 자리에서는 오직 대청에 가득한 웃음소리만 들릴 뿐이고, 정사를 살피는 것을 보면 오직 자기 이익만을 도모하며, 실제로 나라를 근심하고 공公을 받드는 이는 드물다. 벼슬이나 직위를 매우 가벼이 보고 관청을 마치 주막집처럼 여긴다. 재상은 중용이나 지키는 것을 어질다 하고, 삼사는 말하지 않는 것을 고상하다 하며, 지방 관리들은 청렴결백과 검소함을 어리석게 여기니, 이대로 간다면 종국에는 어떤 지경에 이를 것인가!

세상이 열린 이래로 천지간의 여러 나라 가운데 이처럼 인심이 허물어져 그 본성을 잃어버린 적은 없었다. 당파로 인한 병을 계속 간직한 채 고치지 않는다면 장차 어떤 세상이 되겠는가. 한쪽에 치우쳐 있는 우리나라가 비록 작으나 백성이 백만인데, 장차 그 심성을 모두 잃어서 구할 수 없게 된다면 그 또한 슬픈 일이다.

그러므로 장차 어느 고을에 들어가 살고자 한다면 인심의 좋고 나쁨은 논할 필요도 없고, 건조함과 습함이 맞지 않더라도 같은 편이 많이 사는 곳을 찾지 않으면 안 되게 되었다. 그렇게 해야만 서로 찾아가 이야기할 수 있는 즐거움이 있을 것이요, 학문을 닦고 연마할 수도 있을 것이다.

그러나 사대부가 없는 곳을 택하여 문을 걸어 잠근 채 사귐도 끊고 홀로 성품을 착하게 닦는다면, 농부나 공인이나 장사꾼이 되더라도 그 가운데 즐

거움이 있을 것이다. 이렇게 한다면 인심의 좋고 나쁨도 논할 필요가 없을 것
이다.

경치가 좋은 곳, 산수 편

산수에 대한 견해

어떻게 산수를 논할 것인가? 백두산은 여진과 조선의 경계에 있는데, 한나라의 빛나는 지붕이다. 산 위에는 큰 못이 있는데, 둘레가 팔십 리에 이른다. 이 물이 서쪽으로 흘러 압록강이 되었고, 동쪽으로 흘러 두만강이 되었으며, 북쪽으로 흘러 혼동강이 되었다. 두만강과 압록강 안쪽이 우리나라다.

백두산에서 함흥까지는 산줄기가 한복판으로 뻗어 내려온다. 여기에서 동쪽 줄기는 두만강 남쪽으로 뻗고, 서쪽 줄기는 압록강 남쪽으로 뻗어 간다. 함흥부터는 산등이 동해 쪽으로 급하게 기울어 동쪽 줄기는 백 리가 되지 못하나, 서쪽 줄기는 길게는 칠, 팔백 리나 뻗어 내려간다.

큰 줄기는 끊어지지 않고 옆으로 뻗었는데, 남쪽으로 수천 리를 내려가서 경상도 태백산에 이르기까지 한 줄기의 고개로 통한다. 함경도와 강원도가 만나는 곳에서 철령이 되었는데, 이 고개가 북쪽으로 통하는 큰 길이다. 그 남쪽으로 추지령·금강산·연수령·오색령·설악산·한계산·오대산·대관령·백봉령이 되었고, 마지막에 이르러 태백산이 되었다. 모두 험한 산과 깊은 골짜기, 깎아지른 듯한 봉우리가 첩첩한 멧부리다.

영嶺이란 산줄기가 조금 낮아지면서 평탄한 곳을 가리킨다. 이런 곳에 길을 내어 영 동쪽(영동)과 통하는 것이다. 그 나머지는 모두 산이라 부른다.

평안도는 청천강 이남과 이북을 가릴 것 없이 모두 함흥에서 뻗어 온 서북쪽 줄기가 만들어 낸 것이다. 황해도와 개성부는 고원과 문천 사이를 따라 뻗은 서쪽 줄기가 만든 것이고, 철원과 한양은 안변의 철령에서 뻗어 온 산맥이 만든 것이다. 강원도는 모두 철령 서쪽에서 뻗어 나온 것으로, 서쪽으로 용진에서 멈추어 전국에서 가장 짧은 산맥이 되었고, 이곳을 지나면 큰 산이 없다.

태백산에서 좌우로 산맥이 갈라지는데, 왼쪽 줄기는 동해를 따라 남하하고, 오른쪽 줄기는 소백산에서 남쪽으로 내려가는데, 태백산에 비할 바가 아니다. 비록 깊은 산속이라고 해도 줄기가 이어졌다 끊어졌다 하면서 큰 고개가 넷이나 되고, 작은 고개는 일곱이나 된다.

소백산 아래 **죽령**은 큰 고개이고, 죽령 아래의 천주령과 화원령은 작은 고개다. 주흘산 아래의 조령(새재)은 큰 고개이고, 조령 아래의 양산과 율치는 작은 고개다. 속리산 아래의 화령, 추풍령과 황악산 남쪽 무풍령도 작은 고개다. 덕유산 남쪽의 육십치와 팔량치는 큰 고

경북 영풍군과 충북 단양군의 경계에 있는 고개. 신라 제8대 아달라이사금 5년(158년)에 길을 열었다. 소백산맥의 도솔봉과 북쪽 연화봉 사이에 움푹 들어간 곳에 위치한다. 험한 고갯길이지만 예부터 영남과 호서를 잇는 중요한 통로였다. 인삼으로 유명한 풍기와 희방사라는 절이 있고, 조선시대 제사를 지냈던 죽령사라는 산신사당이 있다.

개로, 이곳을 지나면 지리산이 나온다. 이 고개는 모두 남북으로 통하는 길이다. 작은 고개라고 하는 것은 산맥이 평지를 지나가는 곳을 말한다.

이 가운데 속리산과 덕유산은 갈라짐이 더욱 심하다. 속리산에서 남쪽으로 내려오다가 밖으로 되돌아 뻗은 줄기는 경기와 충청 평야의 남북 들판에 서려 있다. 덕유산의 정기는 서쪽으로 흘러 마이산과 추탁산이 되었고, 남쪽으로는 지리산이 되었다. 마이산에서 서쪽과 북쪽으로 뻗은 줄기는 진잠과 만경에서 그쳤다. 덕유산 줄기 가운데 가장 긴 것은 노령에서 세 줄기로 갈라지고, 서쪽과 북쪽으로 뻗은 두 가지는 부안과 무안을 거쳐 서해에 흩어져 여러 섬이 되었다. 가장 긴 줄기는 동쪽으로 뻗어 담양의 추월산과 광주의 무등산이 되었다. 추월산과 무등산은 또한 서쪽으로 뻗어서 영암의 월출산이 되었다.

월출산 줄기는 다시 동쪽으로 뻗어 광양의 백운산에서 그쳤는데, 산줄기의 구부러짐이 갈 지之 자와 같다. 월출산의 한 줄기는 따로 남쪽으로 뻗어 해남현 관두리를 거쳐 남해의 여러 섬을 만들었고, 다시 천 리 바다를 건너 제주도의 한라산이 되었다. 어떤 사람은 한라산이 다시 바다를 건너 유구국琉球國(오키나와)을 만들었다고 하나 알 수 없는 일이다. 그러나 그곳이 아주 가깝다는 것은 알 수 있다.

인조 때 왜인이 유구국을 공격하여 왕을 사로잡아 가자, 세자가 나라의 보물을 싣고 아버지를 구하고자 했다. 그런데 배가 표류하여 제주도에 이르렀다. 제주목사 아무개가 배에 실은 보물이 무엇이냐고 묻자 세자가 주천석과 만산장이라고 했다. 주천석은 가운데가 움푹 파인 네모난 돌로, 맑은 물을 담아 두면 아름다운 술로 변한다. 만산장은 거미줄에 약물을 들여서 짠 것으로, 작게 펴면 한 칸을 덮을 수 있고, 크게 펴면 큰 산이라도 덮을 수 있으며, 비가 와도 새지 않으니, 참으로 더없는 보물이다.

목사가 그 보물을 요구하자 세자가 듣지 않았다. 이에 목사가 군사를 보내 그를 잡으려 했다. 세자가 붙잡힐 지경에 이르자 주천석을 바다에 던져 버렸다. 목사가 배 안을 샅샅이 뒤진 뒤 세자를 때려죽이려 했다. 세자가 죽기 전에 종이와 붓을 청하여 시 한 수를 지었다.

> 요 임금의 말씀이라도 걸왕* 같은 자를 깨닫게 하기 힘들구나.
> 형틀에 매인 몸이 어느 틈에 하늘에 호소하겠는가.
> 어진 세 신하*가 묻히게 되니 어느 누가 대신하며,
> 두 아들*이 배에 올랐다가 악한 자에게 해를 당했네.
> 뼈다귀가 모래밭에 드러나면 풀들이 무성하게 얽힐 것이니,
> 혼이 고국에 돌아간들 조문해 줄 자 아무도 없어라.
> 죽서루 아래 도도히 흐르는 물은
> 한을 실은 채 만 년 동안 잊지 않고 울리라.

● 걸왕
중국 하나라의 마지막 임금으로 포악하고 가무를 즐겼다. 은나라 탕왕에게 쫓겨났으며, 은나라 마지막 임금인 주왕과 함께 폭군의 전형으로 꼽힌다.

● 어진 세 신하
진나라 목공이 죽어 장사를 지내게 되자 엄식, 중행, 침호 세 사람이 함께 순장을 당하게 되었다. 그러자 온 나라 백성들이 슬퍼했다.

위나라 선공의 아들인 급과 수를 가리킨다. 선공이 제나라 왕녀를 급의 아내로 맞았는데, 그녀의 아름다움을 보고 자신의 아내로 삼아 수와 삭을 낳았다. 후에 선공이 삭의 참소를 듣고 급을 사신으로 보낸 뒤 자객을 시켜 죽이게 했다. 이 사실을 안 수가 급에게 알렸지만 급은 임금의 명을 따라야 한다며 고집했다. 수는 급의 문서를 훔쳐 먼저 떠났다가 자객에게 죽임을 당했고, 뒤따라 온 급도 자신이 급이라 밝히고 역시 죽임을 당했다.

제주목사가 그를 죽인 뒤 국경을 침범한 도적이라고 조정에 무고했다. 훗날 진상이 드러나자 목사는 거의 죽을 뻔하다가 겨우 살아났다.

온 나라의 물을 살펴보면, 바깥쪽은 북쪽 함흥에서 남쪽 동래에 이르기까지 모두 동해로 흘러들어 가고, 경상도의 물과 섬진강은 남쪽으로 흘러 바다로 들어간다. 철령 서쪽은 북쪽의 의주에서 남쪽 나주에 이르기까지 모두 서쪽으로 흘러 바다로 들어간다. 큰 것은 강이 되고 작은 것은 포구가 되는데, 이것이 우리나라 산수의 대략이다.

옛사람들이 우리나라 땅을 노인형 지세라고 하면서, 해좌사향亥坐巳向(해좌란 묏자리나 집터 따위가 북북서를 등진 방향을 말한다. 사향은 정남에서 동쪽으로 30도 되는 방위를 중심으로 좌우 15도 각도의 범위를 말한다)이어서 서쪽으로 얼굴이 열려 중국에 읍하고 있는 형상이므로 예부터 중국과 친하게 지낸다고 했다. 또한 천 리 되는 물에 백 리에 이르는 들판이 없어 큰 인물이 나지 못한다고 했다. 서융·북적·동호·여진이 모두 중국에 들어가서 제왕 노릇을 했으나, 우리만은 그런 일이 없었다. 오직 강토만을 조심스럽게 지킬 뿐, 감히 다른 뜻은 품지 못했다.

그러나 우리나라는 중국에서 보면 나라 밖에 멀리 떨어져 있는 독특한 구역이다. 기자가 주나라 신하가 되지 않으려고 이곳에 와서 임금이 되었던 것도 그 때문이다. 이때부터 조선은 충신이 절개를 세우는 고향이 되었다. 그러한 풍습이 이어지고 운치가 남아 조선조까지 이르렀는데, 비록 청나라에 항복하기는 했지만 군신 상하가 임진왜란 때 명나라가 나라를 구해 준 은혜를 잊지 않음으로써 큰 의리를 지켰다.

숙종 갑신년(1704년) 3월, 명나라가 망한 지 육십 년을 맞아 궁성 후원 서편에 대보단을 세우고 소·돼지·염소 세 가지 짐승을 통째로 제물로 바쳐 특별히 만력(명나라 신종의 연호) 황제에게 제사를 지냈다. 이어 일 년에 한 번씩 제사를 올리도록 명했다.

지금 임금 경오년(1750년)에 숭정(명나라 마지막 황제인 의종의 연호) 황제를 그 곁에 모셔 함께 제사 지내게 한 것 또한 매우 훌륭한 일이다. 제사는 반드시 밤에 지내는데, 맑은 하늘이라도 제사 때가 되면 곧 음산한 바람이 불기도 하고 짙은 구름이 컴컴하게 끼기도 한다. 제사가 끝나면 다시 맑아지니 이상한 일이다. 나는 당연히 석성·형개·양호·이여송을 함께 배향해야 한다고 생각하는데, 이들은 임진왜란 때 우리를 위해 수고했기 때문이다.

세상에 이런 이야기가 전해 온다. 역관 홍순언이 젊은 시절 연경에 들어가서 수천 금을 주고 절세미인을 구하려고 했다. 어느 날 밤 드디어 큰 집으로 인도되어 한 처녀를 만나게 되었다. 처녀는 촛불을 환히 밝히고 여러 종들을 거느리고 있었는데, 홍순언을 보자 눈물을 흘렸다. 홍순언이 그 연유를 묻자 처녀가 이렇게 말했다.

"제 아버지는 사천 사람으로, 벼슬이 주사였습니다. 이번에 부모님이 함께 세상을 떠나 제 몸을 팔아서라도 부모님을 고향으로 모시고 와 장사를 지내려고 합니다. 저는 두 번 시집가지 않기로 맹세했는데, 오늘 밤 서로 만났다가 곧 영영 이별하게 될 것이니 서러워 우나이다."

홍순언은 그녀가 귀한 집 딸임을 알고 깜짝 놀라 남매의 의를 맺기를 청했
다. 처녀가 울며 사례하고 그의 말대로 따랐다. 그녀는 종을 시켜 받은 돈을
돌려주었는데, 홍순언은 장사 지내는 데 보태 쓰라고 부탁하고는 물리치고
나왔다.

그후 임진년에 홍순언이 사신을 따라 병부상서 석성의 집에 이르렀다. 석
성이 그와 함께 후당으로 들어가 부인을 인사시켰는데, 바로 전날 의를 맺은
여동생이었다. 석성이 처음부터 끝까지 우리를 힘써 도운 것은 아마 홍순언
의 의로움에 감화했기 때문일 것이다. 그러나 결국 우리나라의 일로 화를 입
었으니 더욱 제사를 지내지 않을 수 없다.

석성의 부인이 평소 손수 비단을 짜면서 필마다 '보은'이라는 두 자를 수
놓아 홍순언에게 주었는데, 그 값이 만금이나 했다. 정유년(1597년)에 선조가
명하여 형개와 양호의 사당을 성안에 세우고 소사에서 왜병을 무찌른 노고에
보답하도록 했다. 그러나 이여송만큼은 대우하지 않았으니, 참으로 잘못된
일이다.

금강산의 절경

전라도와 평안도는 내가 가보지 못했지만, 함경도 · 강원도 · 황해도 · 경
기도 · 충청도 · 경상도는 많이 가 보았다. 내가 보고 들은 것을 참작해 보면,

금강산 일만이천 봉은 오로지 돌 봉우리, 돌 구렁, 돌 내, 돌 폭포다. 봉우리, 골짜기, 마을, 물, 샘, 폭포도 모두 흰 돌로 되어 있다. 금강산을 개골산이라 고도 하는데, 이는 한 움큼의 흙도 없기 때문에 붙여진 이름이다. 만 길 산꼭 대기와 백 길 연못에 이르기까지 모두 돌로 되어 있는데, 이런 풍경은 천하에 둘도 없는 것이다.

산 한가운데 정양사가 있고, 그곳에서 가장 중요한 곳에 헐성루가 있다. 그 위에 앉으면 온 산의 참모습과 참정신을 느낄 수 있는데, 마치 아름다운 구슬 굴속에 있는 것 같고, 맑은 기운이 상쾌하고 명랑하여 창자 속의 먼지를 어느 틈에 씻어 내는지 깨닫지 못할 정도다.

정양사 서쪽에는 **장안사**와 표훈사 두 절이 있는데, 여기에는 원나라와 고려 때의 유적과 궁중에서 하사한 값진 보물이 많다.

정양사를 따라 북쪽으로 들어가면 만폭동인데, 아홉 개 연못이 있어 경치가 훌륭하다. 만폭동 벽면에는 양사언이 "봉래풍악 원화동천蓬萊楓嶽元化洞天(봉래와 풍악이 별세계를 이루었도다)"이라고 쓴 여덟 자가 걸려 있는데, 글자 획이 날아가는 듯하다.

금강산에는 크고 작은 사찰이 많은데, 그중에도 유점사·신계사·장안사·표훈사를 4대 사찰이라 한다. 그중 장안사는 표훈사 아래 있는 내금강의 큰 사찰로, 514년 진표가 창건했다. 그 후 고려 성종 원년(990년)에 회정선사가 대웅보전, 삼여래사보살사성전, 명부전 등을 중건하거나 새로 조성했다. 고려 충혜왕 때는 원나라 기황후가 관리를 보내 이 절을 중건하도록 했다. 조선시대 때도 서너 차례 걸쳐 중수했다.

마치 용과 호랑이가 날개가 돋아 하늘로 훨훨 올라가는 듯하다. 그 안쪽에는 마하연과 보덕굴이 허공에 매달려 있는데, 그 모양이 신의 솜씨와 귀신의 힘 같아서 가히 상상할 수 없을 지경이다.

제일 위에는 중향성이 있는데, 만 길이나 되는 봉우리 꼭대기에 있다. 바닥이 모두 흰 돌이고 계단이 있어 상을 펴놓은 듯하다. 그 위에는 눈썹과 눈은 없으나 불상과 같은 선돌이 하나 있는데, 가히 하늘이 만든 작품이다. 좌우 석상 위에는 또 작은 석상이 두 줄로 늘어서 있는데, 역시 눈썹과 눈이 없다. 전해 오는 말에 의하면 담무게가 이곳에 머물렀다고 한다.

앞에는 만 길 절벽이 놓여 있는데, 오직 서북쪽에 있는 희미한 길을 따라서만 들어설 수가 있다. 수많은 봉우리가 모두 다 하얗고, 물과 돌, 못과 골짜기의 굽이침과 기이함이 도저히 붓으로 기록할 수 없다. 이름 있는 암자와 작은 요사채가 그 위에 있는데, 자못 칠금산(불교에서 세계의 중심에 있다고 하는 수미산 주위의 일곱 겹의 금산)과 인조산(월지국에 있는 산)의 제석궁전과도 같아 인간 세상에 있는 것 같지가 않다.

금강산에서 가장 꼭대기는 비로봉으로서, 거센 바람이 곧장 치솟으므로 여름이라 하더라도 이곳에 오르면 추워서 솜옷을 입게 된다. 산의 서북쪽에는 영원동이 있어 따로 한 세계를 이루고, 동쪽에는 내수참이 있으니 곧 고개 등성이다. 이 등성이를 넘으면 바로 유점사가 있다.

유점사 동북쪽에는 구룡동 큰 폭포가 있다. 높은 봉우리에서 물줄기가 아래로 날아 내려 큰 돌절구와 같이 파인 구멍이 아홉 층이나 되는데, 층마다 용이 한 마리씩 지킨다고 한다. 산벼랑과 물길이 모두 빛나고 깨끗한 흰 돌로 되어 있다. 가파르고 험하여 발을 들여놓을 수 없을 뿐만 아니라, 삼엄하고 숙연하여 아무 소리도 들을 수가 없다.

유점사에는 고적이 가장 많다. 스님의 말에 의하면 불상 53구가 천축에서 바다를 건너오므로 땅 주인인 노춘이 절을 세워 모셨다고 한다. 그러나 내용이 황당하여 믿을 것이 못 된다. 그러나 지난 세대에 탑과 사원을 숭배하여 받들었던 까닭에 매우 크고 장식이 잘 되어 있다.

유점사 서쪽을 내산이라 일컫고 동쪽을 외산이라 말하는데, 물은 동해로 흘러들어 간다. 내산과 외산에는 예로부터 뱀과 호랑이가 없어서 밤에 다니는 것을 금하지 않으니, 이는 천하에 기이한 일이다. 당연히 나라 안에서 제일가는 명산이라 할 것이니, 중국인들이 고려에 태어나기를 원한다고 한 말이 어찌 헛된 말이겠는가.

불가의 《화엄경》은 주나라 소왕 이후에 만들어졌다. 이때는 서역 천축국이 중국과 통하지 않은 때이니, 하물며 중국 밖에 있는 동이와 어찌 통했겠는가. 그러나 "동북쪽 바다 가운데 금강산"이란 말이 이미 경문에 적혀 있으니, 부처의 눈으로 멀리 내다보고 적어 놓은 것이 아니겠는가.

설악산에서 소백산까지

여기에서 남쪽으로 있는 설악산과 한계산도 역시 돌 산, 돌 내로서, 높고 험한 낭떠러지가 있고, 깊고 서늘하며, 첩첩으로 쌓인 산악과 높은 숲이 해를 가린다. 한계산에는 만 길이나 되는 큰 폭포가 있는데, 옛날 임진년에 명나라 장수가 이를 보고 여산 폭포보다 낫다고 했다.

또 남쪽에 있는 오대산은 흙산인데도 온갖 바위와 골짜기로 겹겹이 싸여 깊숙이 막혀 있다. 가장 위에는 경치가 훌륭한 다섯 대臺가 있으며, 대마다 암자가 하나씩 있다. 중대中臺에는 부처님의 유골과 사리가 안치되어 있다. 상당부원군 한무외(조선 선조 때의 도사)가 이곳에서 도를 얻어 신선이 되었는데, 단학을 수련하기에 가장 좋은 곳으로 이 산을 꼽았다. 예부터 전란이 들지 않아 나라에서 이 산 아래의 월정사 곁에 사고를 지어 역조 실록을 보관하고 관리를 두어 지키게 했다.

이곳에서부터 산줄기가 조금씩 낮아져 대관령이 되어 동쪽으로 강릉과 통한다. 고개 아래에 있는 구산동은 샘과 돌이 빼어나다.

태백산과 소백산 또한 흙산으로, 흙빛이 모두 수려하다. 태백산에는 황지라는 훌륭한 곳이 있다. 산 위에는 들이 펼쳐져 있어 산골짜기 백성들이 모여 마을을 이루고 화전을 일구며 살아간다. 그러나 땅의 기운이 높고 차서 서리가 일찍 내리므로, 백성들은 오직 조와 보리만을 경작할 수 있다.

황지 위 작약봉 아래에는 금혈禁穴이 있다. 전해 오는 바로는 나라에서 묘터로 잡았으나 장사를 지내지 못한 곳이라 한다. 산 아래 평지에는 각화사와 홍제암이 있는데, 가끔 이곳에 고승과 이상한 무리가 살기도 했다. 옛날부터 세 가지 재난(화재, 수재, 풍재)이 들지 않는 곳이라 하여 나라에서 이곳에도 사고를 두었다.

소백산에는 욱금동이 있는데, 샘과 돌이 수십 리 이어졌다. 그 위에는 비로전이라는 신라의 옛 절이 있다. 동네 어귀에는 퇴계 이황의 서원이 있다.

대개 태백산과 소백산의 샘과 돌은 경내의 낮고 평탄한 곳에 있으며, 산 허리 위쪽으로는 돌이 없는 까닭에 산이 비록 웅대하나 살기가 적다. 멀리서 바라보면 봉우리가 솟아 있지 않고 얽혀 있다. 마치 구름이 가고 물이 흐르듯 하늘에 닿아 북쪽을 막았으며, 때때로 붉고 흰 구름이 그 위에 뜨기도 한다. 옛날에 풍수사 남사고가 소백산을 보고 말에서 내려 절하고는 이렇게 말했다.

"이 산은 사람을 살리는 산이다."

책에서도 이렇게 적었다.

"난리를 피하는 데는 태백산과 소백산이 제일이다."

속리산의 멋

백두산에서 태백산까지는 대체로 한 줄기 산맥으로 통하기 때문에 좌우에 다른 봉우리가 없다. 그러나 소백산 아래로는 줄기가 자주 끊어지는데, 끊어졌다가 처음 솟은 것이 속리산이다.

풍수가들은 속리산을 석화성石火星이라고 말한다. 그러나 돌의 형세가 높고 크며 겹쳐진 봉우리의 뾰족한 돌 끝이 모여 있어, 마치 처음 피어나는 부용꽃과도 같고, 멀리 햇불을 벌려 세운 것과도 같다. 산 아래로는 모두 돌로 된 골짜기가 깊게 감싸 돌아 팔곡구요八曲九遙라는 이름이 붙었다.

산이 빼어난 돌로 된데다 돌에서 맑은 샘물이 솟아올라 물맛이 차고 맑다. 물빛 또한 검푸르러 가히 사랑하지 않을 수 없는데, 이곳이 바로 충주 (달천) 상류다. 산 주위를 빙 둘러 가며 기이하고 뛰어난 골짜기와 깊은 샘물과 묘한 돌이 많으니, 그윽하고 아늑한 경치가 금강산 다음간다고 하겠다.

남한강 수계의 최남부에 있는 지류. 오누이 전설에 의해 달래강이나 감천이라고 불린다. 속리산 계곡과 청주 근방에서 발원하여 북쪽으로 흐른다. 동쪽으로는 금단사 · 백안산 · 조봉산 · 청화산 · 군자산 · 장성산 같은 높은 산지와, 서쪽으로는 미동산 · 좌구산 등의 산에서 내려오는 여러 지류와 만나 충주시 서부에서 남한강 본류와 합류한다.

속리산 남쪽에는 환적대가 있는데, 수많은 봉우리와 높은 절벽, 여러 산골짜기가 그윽하고 길어 갈 길을 알 수 없게 한다. 이 골짜기 물이 모여 작은 내가 되고 작은 언덕을 넘은 뒤 청화산 남쪽을 돌아 동쪽 용추로 들어가는데, 이것이 병천이다.

병천 남쪽으로는 도장산이 있는데, 이 역시 속리산의 한 줄기로 청화산과 맞닿아 있다. 두 산 사이와 용추 위쪽을 통틀어 용유동이라 하는데, 이곳의 중앙 평지는 모두 평평한 돌로 되어 있다. 큰 냇물이 서쪽에서 북쪽으로 흐르며 돌 위로 넓게 펼쳐지는데, 가다가 가파른 돌을 만나면 작은 폭포가 되고, 좁고 우묵한 곳을 만나면 작은 골물이 되며, 돌이 넓은 곳을 만나면 작은 못이 되고, 둥근 구덩이를 만나면 작은 우물이 된다. 또 평탄한 곳을 만나면 물이 주렴 같아지고, 거슬러 도는 곳을 만나면 향 연기처럼 아늑하게 피어오른다. 돌은 구유 같기도 하고, 작은 솥이나 가마솥 같기도 하고, 절구 같기도 하고, 석가산 같기도 하고, 작은 섬 같기도 하고, 양과 호랑이 같기도 하고, 닭과 개 같기도 하니, 지극히 기이하다. 물은 빙 돌아 흐르면서 혹 치솟기도 하고, 혹 고이기도 하며, 혹 부딪치고, 혹 거꾸로 쏟는 듯하다. 양쪽 절벽 위의 나무는 소소한 피리 소리를 내고, 골짜기의 바람은 처량하고도 차서 놀라운 광경을 자아낸다. 그 가운데 송씨의 정자가 있다.

청화산 동북쪽에 있는 선유산은 정기가 높은 데로 모인 형국이어서 정상이 평탄하고 골이 매우 깊다. 그 위에는 칠성대와 호소굴이 있다. 옛날 진인 최도와 도사 남궁두가 이곳에서 수련했다. 기록에 의하면 "수도하고자 하는 이는 이 산에서 편안히 살 만하다"라고 했다.

이 골짜기 물이 아래로 흘러 낭풍원이 되고, 다시 양산사 앞 골의 물과 만나면서 가은창으로 내려가 동쪽에 있는 문경 큰 여울로 흘러든다. 칠성대에서 서쪽 산마루를 넘으면 곧 외선유동이고, 조금 더 내려가면 파곳인데, 골이 그윽하고 깊어 큰 시냇물이 밤낮을 가리지 않고 돌 골짜기와 낭떠러지 밑으로 쏟아진다. 천 번 만 번 돌고 도는 모양이 이루 말로 다 형언할 수가 없다. 금강산 만폭동에 비하면 덜 웅장하지만 사람에 따라서는 기이하고 오묘함이 금강보다 낫다고도 한다. 금강산 다음으로 이곳 경치만한 곳이 없으니, 마땅히 삼남의 제일이라 하겠다.

청화산은 뒤로는 내선유동과 외선유동을 등지고, 앞으로는 용유동을 마주한다. 앞뒤 수석의 오묘함은 속리산보다 낫지만, 산이 높고 큰 것으로는 속리산에 미치지 못한다. 그러나 속리산처럼 험준한 곳은 없다. 흙봉우리에 둘러싸인 돌이 모두 수려하고 살기가 적으며, 그 모양이 단아하고 부드럽다. 빼어난 기운이 가려진 것 없이 펼쳐지니 복 받은 터라 할 만하다.

화양동은 파곶 아래에 있는데, 파곶의 물이 이곳에 이르러 더욱 커지고 돌 또한 기묘함을 더한다. 우암 송시열이 주자의 운곡정사를 본떠 이곳에 집을 지었다. 또 주자가 큰 뜻을 회복했던 옛일을 본받아 고을에서 명종과 신종 황제를 제사 지냈는데, 후에 사당을 짓고 만동묘라 했다. 일찍이 그가 다음과 같은 시를 지었다.

> 푸른 물이 성난 듯 야단스럽고,
> 푸른 산은 찡그린 듯 고요하다.

풍요로운 지리산

속리산에서 남쪽으로 내려온 줄기는 화령과 추풍령이 되었는데, 계곡과 산이 자못 그윽한 풍치를 자랑한다. 모두 낮고 평탄하여 살기에 적당하나 산이라고 할 수는 없다.

덕유산은 흙산으로, 그 위에 구천동이 있는데 시냇물과 돌이 그윽하다. 그 아래에는 적상산성이 있는데, 석벽이 치마처럼 두르고 있고 위는 평탄하다. 조정에서 이곳에 성을 쌓고 사기史記와 실록을 보관했다.

산 동쪽은 안음과 지례이고, 북쪽은 설천과 무풍이다. 무풍은 남사고가 복

된 땅이라고 한 곳이다. 골 바깥쪽은 온 산이 비옥하여 부자 마을이 많으니, 이 또한 속리산 위쪽의 산과 비할 바가 아니다.

지리산은 남해에 있다. 백두산의 큰 줄기가 다한 곳이므로 두류산頭流山이라고도 한다. 세상에서 금강산을 봉래라 하고, 지리산을 방장이라 하고, 한라산을 영주라고 하는데, 이것이 이른바 삼신산이다. 지리지에서는 지리산을 태을성신이 사는 곳이며, 여러 신선들이 모이는 곳이라 했다.

계곡이 깊고 넓게 자리하고 있고, 흙이 두텁고 기름져서 온 산이 모두 살기에 적당하다. 산속에는 백 리나 되는 긴 골짜기가 많은데, 바깥쪽은 좁으나 안쪽은 넓다. 사람이 알지 못하는 곳도 있어서 나라에 세금을 바치지 않는다.

남해와 가까워 기후가 온난하므로 산속에 대나무가 많고, 감과 밤도 대단히 많아서 저절로 열렸다가 떨어지며, 높은 봉우리 위에 기장과 조를 뿌리면 무성하지 않은 곳이 없다. 평지 밭에도 모두 심을 수 있어 산속에는 촌사람들이 스님과 함께 살아간다. 스님이나 평민이나 대나무를 꺾고 감과 밤을 주울 수 있어 일하지 않고도 부족함 없이 살아간다. 농부와 공인 역시 큰 노력을 하지 않아도 모두 풍족하다. 이런 까닭에 온 산이 풍년과 흉년을 모르고 지내므로 부산富山이라 부른다.

산 남쪽에는 화개동과 악양동이 있는데, 모두 사람이 살고 산수가 대단히 아름답다. 고려 중엽에 한유한이 이자겸의 횡포가 심한 것을 보고 장차 화가 일어날 것을 깨닫고 벼슬을 버린 뒤 가족을 데리고 악양동에 숨어 살았다. 조정에서는 그를 찾아 벼슬을 주려고 했으나, 그는 숨어 지내며 끝내 세상에 나오지 않았다. 그가 언제 죽었는지도 알지 못하는데, 어떤 사람은 신선이 되었다고도 한다.

서쪽에는 화엄사와 연곡사가 있고, 남쪽에는 신응사와 쌍계사가 있다. 절에는 고운 최치원의 화상이 있고, 시냇가 석벽에는 고운이 쓴 큰 글자가 많이 새겨져 있다. 전해 오는 말로는 고운이 도를 얻어서 지금도 가야산과 지리산을 왕래한다고 한다.

선조 신미년(1571년)에 한 스님이 바위 사이에서 종이 한 장을 주웠는데, 시 한 수가 적혀 있었다.

> 동국의 화개동은 병 속의 별천지라네.
> 선인이 옥베개를 밀치고 깨어 보니
> 세상은 홀연히 천 년이 지났구나.

글자 획이 새로 쓴 듯한데, 그 필법이 세상에 전해 오는 고운의 필적과 같았다.

예부터 전해 오길 지리산에 만수동과 청학동이 있다고 하는데, 만수동은 오늘날의 구품대요, 청학동은 오늘날의 매계로서, 근자에 비로소 사람이 조금씩 다니기 시작했다. 산 북쪽은 모두 함양 땅으로, 남사고가 이곳의 영원동·군자사·유점촌을 가리켜 복 받은 땅이라 했다. 또 벽소운동과 추성동도 모두 풍광이 좋다.

지리산 북쪽 골짜기의 물이 합쳐져 임천과 용유담이 되었다가 고을 남쪽 엄천에 이르는데, 계곡을 따라 이어진 상류와 하류의 경치가 대단히 뛰어나다. 그러나 지역이 너무 깊고 막혀 있어 마을에는 도망쳐 온 유민들이 많고, 때때로 도적들이 출몰한다. 또 온 산에 귀신을 모시는 사당이 자리하여 해마다 봄, 가을이 되면 사방의 무당들이 구름처럼 모여 기도를 올린다. 그럴 때면 남녀가 아무 곳에서나 섞여 자기도 하고, 술 냄새와 비린 고기 냄새가 낭자하여 매우 불결해진다.

산에서 뻗은 크고 작은 줄기는 섬진강 상류 서남쪽에서 멈춘다. 나쁜 기운이 있는 샘이 많고 청명한 기운이 적은 것이 이 산의 흠이다. 오직 이 여덟 산이 대간大幹 가운데 가장 빼어나다.

그 밖의 명산과 사찰

대간을 떠나 명산을 말하자면, 함경도 일대는 산이 모두 크고 거칠어서 명산이라고 할 만한 곳이 없다. 오직 명천의 칠보산이 동해에 위치하여 골짜기에 들어서면 돌의 기세가 깎아지른 듯한데, 그 기묘한 모양이 자못 귀신이 깎아 새긴 것 같다.

다음은 평안도 영변의 **묘향산**으로, 표

예부터 동금강, 남지리, 서구월, 북묘향이라 하여 4대 명산 가운데 하나로 꼽혔다. 일명 태백산 또는 향산이라고도 불린다. 《삼국유사》를 쓴 일연은 환웅이 내려왔다는 태백산이 곧 묘향산이라 했는데, 이로 미루어 볼 때 고려 중기부터 단군 신앙과 결부되어 숭배의 대상이 된 산임을 알 수 있다. 임진왜란 때는 휴정이 이곳에서 승병을 일으켜 평양 전투에 참여하기도 했다. 이곳에는 약 360개의 암자와 단군이 화생化生했다는 단군굴이 있다.

면이 모두 흙산이고 멧부리도 모두 토성土星이다. 산허리 밑으로는 모두 기이한 바위와 빼어난 돌이지만 그리 험하지 않다. 산속에는 여러 평지와 큰 냇물이 넓게 펼쳐져 있어, 마치 들 가운데 있는 촌락과도 같다. 산줄기가 돌면서 겹치고 골짜기가 첩첩으로 쌓여 마치 성곽과도 같다. 이곳으로 통하는 지름길은 없으며, 오직 서남쪽 수구를 통해서만 들어갈 수 있다. 다만 한 사람만 겨우 갈 수 있다. 옛말에 태백산 위에 단군이 태어난 석굴이 있다고 한다. 산속에는 큰 절이 세 개 있고 작은 암자가 아주 많은데, 스님들이 선정에 들어 도를 닦는 곳으로 삼는다.

경상도에는 석화성이 없다. 오직 합천 가야산만 뾰족뾰족한 바윗돌이 불꽃같이 늘어서 있는데, 대단히 높을 뿐 아니라 수려하다. 골 입구에 홍류동과 무릉교가 있고, 흩날리는 시냇물과 반석이 수십 리나 계속된다.

전해 오는 말로는 고운 최치원이 이곳에 신발을 벗어 두고 떠났는데, 간 곳을 알지 못한다고 한다. 돌 위에 고운이 새겨 놓은 큰 글자가 있는데, 지금도 새로 쓴 것처럼 완연하다. 고운의 시 가운데 다음과 같은 것이 있는데, 곧 이곳을 가리킨다.

> 미친 듯 바쁜 첩첩 바위는 겹겹의 산을 울리니,
> 지척의 사람 소리 분별하기 어렵구나.
> 늘 인간의 시비 소리 귓전에 닿을까 두려워,
> 짐짓 흐르는 물로 하여금 온 산을 덮게 했네.

임진왜란 당시 금강산·지리산·속리산·덕유산은 모두 왜군의 침략을 면치 못했으나, 오직 오대산과 소백산에는 미치지 않았다. 그러므로 예로부터 삼재가 들지 않는 곳이라고 한다.

산속에는 해인사가 있다. 신라 애장왕이 죽어서 염까지 마쳤는데 다시 살아났다. 그리하여 저승사자에게 약속한 발원에 따라 당나라에 사신을 보내 《팔만대장경》을 구하여 배에 싣고 왔다. 그 내용을 새긴 뒤 옻칠을 하고 구리와 주석으로 장식한 다음 장경각 백이십 칸을 세워 보관했다.

그후 약 천 년이 지났으나 판은 여전히 새로 한 것 같다. 나는 새도 이를 피해 기와 위에 앉지 않는다고 하니, 참으로 놀랄 만하다. 유가의 경전을 비록 안쪽 깊은 누각에 둔다 해도 새가 지붕 위를 지나가지 않을 리 없다. 그런데 불경은 이와 같이 신기하니, 아무리 생각해도 이해할 수 없는 노릇이다.

절 서북쪽은 가야산 상봉리로, 사면의 돌이 깎아지른 듯하여 사람이 올라갈 수 없다. 위에는 평탄한 곳이 있을 듯한데, 사람이 알 수가 없다. 그 위에는 항상 구름기가 서려 있고, 초동과 목동들이 때때로 산봉우리에서 들려오는 노랫소리를 듣는다. 또 스님들의 말로는 짙은 안개가 덮이면 산 위에서 말발굽 소리가 날 때가 있다고 한다.

골 바깥 가야천 유역의 논은 대단히 비옥하여 씨 한 말을 뿌리면 120~130 두나 나며, 아무리 적어도 80두 아래로는 내려가지 않는다. 물이 풍족하여 가뭄의 피해를 모르고, 또 목화 재배도 잘 되어 의식의 고장이라 불린다. 산 동북쪽은 만수동으로, 역시 깊고 긴 골짜기다. 복 받은 땅이라고도 하니, 세상을 피해서 살 만하다.

안동 청량산은 태백산맥이 들로 내려오다가 예안강 상류에서 맺혀 솟은 곳이다. 밖에서 바라보면 단지 몇 개 꽃송이 같은 흙봉우리뿐이다. 강을 건너 골짜기로 들어서면 사면이 석벽으로 둘려 있고 만 길이나 높아서 험하고 기이한 것이 무어라 형언할 수가 없다. 그 안에는 난가대가 있는데, 고운이 장기와 바둑을 두던 곳이라 한다. 바둑판 같은 돌이 있고 그 곁에 늙은 할미 상이 있는데, 석굴 안에 잘 모셔 두었다. 전해 오는 바로는 고운이 산에 머물 때 밥을 지어 올리던 종이라 한다.

산에는 연대사가 있는데, 신라 사람 김생이 직접 쓴 불경을 여러 권 소장하고 있다. 근래에 한 선비가 이 절에서 글을 읽다가 한 권을 훔쳤는데, 집에 도착하자마자 곧 염병에 걸려 죽었다. 그 가족들이 두려워하여 그 불경을 즉시 절로 돌려보냈다.

오직 이 네 산이 대간의 여덟 산과 함께 나라 안의 큰 명산으로, 숨어 사는 이들이 수양하는 곳이다. 옛말에 이르기를 "천하의 명산은 스님들이 많이 차지하고 있다"라고 했는데, 우리나라에는 불교만 있고 도교는 없는 까닭에 무릇 이 열두 명산을 모두 사찰이 차지하고 있다.

그 밖에도 이름난 절 때문에 그 지역이 세상에 알려지고, 기이한 자취와 뛰어난 경치가 있는 곳이 있으니, 태백산과 소백산 사이에 있는 신라의 고찰 **부석사**가 그러하

의상이 왕명으로 창건한 절로, 《삼국유사》에 이와 관련한 설화가 전해 온다. 중국에서 화엄학을 공부하고 온 의상은, 이 절을 세우고 사십 일 동안 법회를 열어 화엄의 일승십지一乘十地를 설법함으로써 이 땅에 화엄종을 정식으로 펼쳤다. 부석사의 주 불전인 무량수전은 고려시대 목조 건물로 국보 18호이고, 그 앞의 석등은 통일신라시대의 것으로 신라의 석등 중 손꼽히는 걸작이다. 그 밖에도 삼층 석탑과 소조여래좌상, 조사당 벽화 등 수많은 국보 문화재가 있다.

다. 대웅전 뒤에 큰 바위 하나가 가로질러 위로 서 있는데, 그 위에 큰 바위가 지붕처럼 아래를 덮고 있다. 언뜻 보면 위아래가 서로 이어진 듯하나, 자세히 보면 두 돌 사이가 서로 이어지거나 눌려 있지 않다. 약간의 틈이 있어 노끈을 집어넣으면 걸리는 것 없이 드나드는데, 이로써 그것이 뜬 돌임을 알 수 있다. 부석사浮石寺라는 이름도 여기에서 비롯되었는데, 그렇게 떠 있는 이치는 알 수 없다.

절 문 밖에는 덩어리 같은 생모래가 있는데, 옛날부터 부서지지 않고 깎아 버리면 다시 솟아나 마치 살아 있는 흙 같다. 신라 때 스님인 의상이 도를 깨치고 장차 서역 천축에 들어가려고 했는데, 거처하던 방문 앞 처마 밑에다 지팡이를 꽂으며 이렇게 말했다.

"내가 여기를 떠난 뒤 이 지팡이의 가지와 잎이 반드시 살아날 것이다. 이 나무가 말라 죽지 않으면 내가 죽지 않은 줄 알라."

의상이 떠난 뒤 절에 있던 스님이 의상의 상을 빚어서 그가 거처한 곳에 안치했다. 창밖에 있던 지팡이에서는 가지와 잎이 돋아났는데, 해와 달은 비치나 비와 이슬에는 젖지 않았고, 항상 지붕 밑에 있는데도 지붕을 뚫지 아니했으며, 오직 한 길 남짓한 것이 천 년이 마치 하루 같았다.

광해군 때 경상감사 정조가 이 절에 왔다가 이 나무를 보고 "선인이 지팡이 삼던 나무로 나 또한 지팡이를 만들고 싶다"라고 하며 명을 내려 톱으로 잘라 갔다. 그러자 곧 두 줄기가 다시 뻗어 나와 전과 같이 자랐다. 정조는 인조 계해년(1623년)에 역적으로 몰려 죽었다. 지금 나무는 사철 푸르러 잎과 꽃이 피고 지는 것이 없으니, 스님들이 비선화수飛仙花樹라 말한다. 옛날 퇴계

선생이 이 나무를 보고 시 한 수를 읊었다.

옥과 같이 아름다운 절 문에 기대었는데,
중의 말로는 지팡이 변하여 신령스런 뿌리 되었다 하네.
지팡이 머리에 스스로 조계수*가 있어서
하늘이 내리는 비와 이슬의 은혜를 빌리지 않는구나,

● 조계수
중국 광동성에 있는 냇물. 양나라 때 지약 스님이 배를 타고 조계수에 왔다가 물맛을 보고는 "이 물 상류 지역에 훌륭한 곳이 있다"라고 하면서 터를 잡아 절을 지었다. 그리고 앞으로 170년이 지나면 무상법보가 여기에서 설법할 것이라고 했다. 당나라 때 과연 6대 조사 혜능이 여기에 있어 불법이 크게 흥했다. 그리하여 우리나라에도 조계종이라는 종파가 있게 되었다.

절 뒤편에 있는 취원루는 크고 넓다. 높은 것은 하늘과 땅 가운데 솟은 듯하고, 기개와 정신이 경상도 전체를 누를 것 같다. 벽 위에는 퇴계의 시를 새긴 현판이 있다. 내가 계묘년(1723년) 가을에 승지 이인복과 함께 태백산에 놀러 갔다가 이 절에 올라 드디어 퇴계의 시에 차운했다.

아득히 높은 누각 열두 난간에
동남쪽 천 리 땅 눈앞에 보이는구나.
인간 세상은 까마득한 신라국이고,
하늘 아래는 깊고 깊은 태백산일세.
가을 골짜기의 검은 연기는 나는 새 너머에서 일고,
바다에 걸린 노을은 흩어진 구름 끝에 비치네.

가도 가도 저 위 절에는 닿지 못하니,
예부터 행로의 어려움 어찌 알겠는가.

또 한 수를 읊었다.

아득한 태백산은 하늘과 통하고,
옛 절은 바다 동쪽에 웅대히 열렸구나.
강과 산이 멀리 천 리 밖에서 만나고,
불전과 누각은 날아갈 듯 천지 사이에 솟았네.
고승이 처소를 떠났는데 나무에 꽃이 피고,
옛 나라야 어찌 되었든 새들은 빈 하늘을 나네.
누가 알랴, 머뭇거리는 주남周南 나그네의
뜬구름 지는 해에 하염없는 뜻을.

취원루 위 한쪽 구석에 방을 만들었는데, 안에는 신라 이래 이 절에서 사
리가 나온 명승들의 화상 십여 폭이 걸려 있다. 모두 모습이 고아하고 기이하
며 풍채가 맑고 깨끗하니, 그 무렵으로 돌아가 서로 마주하여 선정에 든 듯하
다. 지세가 구불구불 뻗어 내려가는데, 그 아래쪽에 작은 암자가 있다. 그곳
은 불경을 강연하고 선정에 들어간 스님들이 거처하는 곳이라 한다. 이 절은
경상도 순흥부에 속한다.

또 양산에는 통도사가 있고, 대구에는 동화사가 있다. 전라도에는 영광의

도갑사, 해남의 천주사, 고산의 대둔사, 금구의 금산사, 순천의 송광사, 흥양의 능가사가 있는데, 모두 신라 때의 큰 절이다.

통도사는 당나라 초에 자장법사가 천축에 들어가서 석가의 두골과 사리를 얻어 와 절 뒤에 묻고 탑을 세워 모신 곳이다. 세월이 오래되어 탑이 조금 기울자 숙종 을유년(1705년)에 성능 스님이 탑을 중수하고자 헐었더니, 탑 안에 "외도外道의 성능이 중수한다"라고 적혀 있었다. 두골은 비단 보자기에 싸여 은함에 담겨 있었는데, 크기가 동이만했다. 비단은 이미 천 년이 되었으나 썩지 않고 새것과 같았다. 또 작은 금함에는 사리를 담아 놓았는데, 그 빛이 눈을 부시게 했다. 탑을 고치고 비각을 세웠는데, 비문은 학사 채팽윤이 지었고, 글씨는 나의 선대부께서 쓰셨다.

동화사는 신라 때 스님 진홍이 지팡이를 공중에 날려 이곳에 떨어지자 절을 짓고 머물렀던 곳이다. 지형이 모여들고 가람이 대단히 커서 예로부터 이름 높은 스님과 수행자가 많았다.

도갑사는 신라의 스님 도선이 이름을 낸 곳이다. 골짜기 밖에 큰 돌 두 개가 서 있는데, 한쪽에는 '황장생皇長生'이라는 석 자가 새겨져 있고, 다른 한쪽에는 '국장생國長生'이라는 석 자가 새겨져 있는데, 무슨 뜻인지는 알 수 없다.

천주사는 남해안에 있으나 지세가 깊은 두메와 같다. 소나무와 대나무, 귤과 유자가 골에 빽빽하게 들어서 있다. 불전이 웅대하고 물자가 풍족하여 도에서 가장 큰 절이다.

대둔사 뒷산은 계룡산의 작은 조산이며, 절 뒤에는 백운암이 있다. 임진왜란 때 함열 사람 손순목이 어려서 모친을 잃었다. 그후 이 암자에 수륙도

량을 설치하고 칠 일 동안 엎드려 기도하던 중 꿈에 홀연히 한 나한이 나타나 말했다.

"너의 어머니가 앞산에 있다."

손순목이 놀라 일어나서 두루 살펴보니 과연 한 늙은 할미가 앞산 돌 위에 있었다. 급히 달려가 물어보니 그의 어머니였다. 어머니가 말했다.

"포로가 되어 왜국에 가 있었는데, 어느 날 아침 동이에 물을 길어 가는 도중 한 스님이 업고 이곳으로 왔다. 어찌 된 일인지 나도 잘 모르겠다."

사람들이 크게 놀라 그 암자의 이름을 득모암得母庵이라 했다.

모악산 남쪽에 있는 금산사는 본래 용의 연못으로서, 깊이를 측량할 수 없었다. 신라 때 한 조사가 수만 섬의 소금으로 못을 메우자 용이 옮겨갔다. 그 자리에 대전을 세웠는데, 대전 네 모퉁이 뜰아래로 가느다란 간수澗水가 주위를 돌아 나온다. 지금도 누각이 높게 빛나며, 골짜기가 매우 깊다. 호남에서 크고 이름난 가람으로, 전주부 관아에서 매우 가깝다. 《고려사》에 견신검이 그의 아버지 견훤을 금산사에 가두었다고 하니, 바로 이 절이다.

송광사는 불전과 요사채 건물이 매우 많지만, 모두 지극히 정교하고 치밀하며 뛰어나다. 또 물과 돌이 맑고 깨끗하고 그윽하며, 산봉우리 역시 밝고 화려하게 솟아 사방의 경계가 모두 바르고 아늑하다. 종루 앞에는 수각(물가나 물위에 지은 누각)이 있고, 그 앞에 한 그루 나무가 있다. 옛날 보조국사가 죽으면서 이렇게 말했다.

"이 나무는 내가 죽은 뒤에 반드시 마를 것이다. 만일 가지와 잎이 다시 돋아나면 내가 다시 살아난 줄 알라."

천 년이 지나 이제 잎은 피지 않으나 사람들이 칼로 껍질을 벗기면 속에서 생기가 도니, 만약 참으로 말라죽었다면 반드시 썩어 넘어졌을 것이다. 지금도 항상 곧게 서 있으니, 이상한 일이다.

능가사는 팔령산 밑에 있다. 옛날에 유구국 태자가 표류하다가 절 앞에 이르렀다. 관음보살에게 고국으로 돌아가게 해 달라고 칠일 동안 밤낮으로 기도했더니 마침내 커다란 무사가 나타나 태자를 끼고 파도를 넘어갔다고 한다. 절의 스님이 그 모습을 벽에 그렸는데, 지금도 남아 있다.

강과 바다가 어우러진 산

무릇 산 모양은 수려한 돌로 된 봉우리라야 산도 아름답고 물 또한 맑다. 또 강과 바다가 서로 만나는 곳에 위치해야 큰 힘을 품는다. 나라 안에 이와 같은 곳이 네 곳 있으니, 하나는 개성의 오관산이고, 하나는 한양의 삼각산이며, 하나는 진잠의 계룡산이고, 하나는 문화의 **구월산**이다.

황해도에 있는 우리나라 4대 명산 중의 하나로, 아사달산, 궁홀산이라고도 불린다. 옛날 단군이 수도를 평양에 정했다가 이곳 구월산으로 옮기고 수천 년간 나라를 다스렸다고 한다. 산에는 단군이 있었다는 장당경과, 환인 · 환웅 · 단군을 모신 삼성사, 단군이 올라가 나라의 지리를 살폈다는 단군대, 활을 쏘는 데 사용한 궁석 등이 남아 있다. 또한 신라 때 창건한 패엽사와 고구려 장수왕 때 세운 것으로 추측되는 정곡사 등 유명한 사찰이 있다.

도선은 오관산에 대해 "모봉은 수성이고 줄기는 목성이다"라고 했다. 산세가 대단히 길고 먼데, 크게 끊어졌다가 송악산이 되었다. 풍수가들은 하늘에 모여드는 토성이라고 말한다. 웅장한 기세가 넓고도 크며, 포용하려는 뜻이 웅혼하고도 두텁다.

동쪽으로는 마전강이 흐르고 서쪽으로는 후서강이 흐르는데, 승천포가 안수案水 구실을 한다. 교동과 강화 두 큰 섬이 바다 가운데서 일자로 가로 뻗어 남쪽 바다를 막았고, 북쪽으로는 한강 하류를 가두어 은연중에 앞산 밖을 깊고 넓게 둘러쌌다. 동월(명나라 사신)이 "평양에 비해 지세가 더욱 견고하고 짜임새가 있다"라고 한 곳이 바로 여기다.

오관산 좌우에는 골짜기가 많다. 서쪽에는 박연, 동쪽에는 화담이 있는데, 두 못이 만드는 폭포가 절경이다.

개성의 동남방 백 리 밖에는 한양의 삼각산이 푸른 하늘에 수려하게 솟아 있는데, 앞면이 평탄하고 순하다. 서북쪽은 높이 막혔고 동남쪽은 멀리 트여 있어 천연의 요새이자 이름난 터이지만, 다만 넓고 기름진 평야가 없다는 점이 흠이다.

삼각산은 산세가 도봉산과 잇닿아 있다. 돌 봉우리가 아주 맑고 수려하여 수많은 불꽃이 하늘로 타오르는 것 같고, 특별하게 놀라운 기운이 있어서 그림으로 표현하기가 어렵다. 그러나 주위에 보필하는 산이 없고, 골짜기가 적은 것이 흠이다. 옛날에는 중흥사 계곡이 있었으나, 북한산성을 쌓을 때 모두 깎아 평탄하게 만들었다.

성안에 있는 백악산과 인왕산은 돌의 위세가 사람들을 두렵게 하는 까닭에 살기를 벗은 송악산에 비할 수가 없다. 다만 남산의 한 줄기가 강을 거슬러서 판국을 만들었다는 점이 미덥다.

안쪽 수구가 낮고 허하며, 앞쪽으로는 비록 강을 사이에 두고 있지만 관악산이 또한 너무 가깝다. 화성(관악산)이 앞을 받치고 있는 형국으로, 풍수사들은 정남향의 위치가 좋지 않다고 한다. 그러나 판국 안이 밝고 맑으며 흙빛이 희고 깨끗하여 길에 밥을 떨어뜨리더라도 다시 주워 먹을 만하다. 그러므로 한양의 인사가 막히지 않고 밝고 뛰어난 점이 많지만, 사내다운 기개가 없는 점이 아쉽다.

계룡산은 웅장하기가 오관산에 미치지 못하고, 수려함은 삼각산에 미치지 못한다. 또한 앞으로 흘러들어 오는 물이 적고, 다만 금강의 한 줄기가 산을 둘러서 돌 뿐이다. 무릇 산줄기가 돌아서 원줄기를 돌아다보는 지형은 본래 역량이 적다. 그러므로 중국의 금릉을 보더라도 항상 한쪽의 패권만 차지할 뿐이다. 명나라 태조가 비록 중국을 통일했지만 세상이 바뀐 뒤에는 도읍을 옮겨야 했다. 그러므로 계룡산 남쪽 골은 한양과 개성에 비하면 그 기세가 훨씬 못하다. 또한 판국 안에는 평지가 적고 동남쪽 또한 확 트이지 못했다. 그러나 내려오는 줄기가 멀고 깊어 골짜기를 깊이 품고 있다.

판국 안 서북쪽에 있는 용연은 매우 깊고도 크다. 이 물이 넘쳐 판국 안 큰 계곡이 되었는데, 개성과 한양에는 없는 것이다. 산의 남북쪽에도 역시 좋은 내와 돌이 많고, 동쪽에는 봉림이 있으며, 북쪽에는 갑사와 동학사 같은 뛰어난 명승지가 있다.

구월산 역시 산줄기가 돌아서 원줄기를 돌아다보는 형세다. 서북쪽으로는 바다를 등지고 있고, 동남쪽으로는 평양과 재령의 두 강물을 거슬러 받는다. 두 강물에는 조수가 통하여 생선과 소금에서 이익을 얻는데, 황해도 전체의 이익을 다 차지한다. 남쪽 오 리 지점에는 또 백 리나 되는 비옥한 들이 있다. 수세와 지리가 험한 것과 논밭이 기름진 것은 계룡산을 훨씬 능가하고, 톱니 같은 돌산의 형세 또한 오관산이나 삼각산보다 못하지 않다.

　온 산을 빙 둘러 사찰이 십여 군데나 있고, 그 위에는 산성을 쌓아 천연의 요새를 만들었다. 세상에 전해 오는 바로는 단군의 자손이 기자를 피해 평양에서 이곳으로 도읍을 옮겼다고 하는데, 장당평이라고 하는 곳이 바로 이곳이다. 아직도 단군 삼대의 사당이 있어 나라에서 봄, 가을로 향을 내려 제사를 지낸다. 그러나 단씨는 한쪽만을 차지했을 뿐 이 지역의 승지를 다 차지하지는 못했으니, 이곳이 언젠가 한번은 도읍이 될 것이다.

그 밖의 명산

　그 밖에도 명산이라 하면 춘천 청평산을 들 수 있다. 이곳은 맥국의 옛 도읍지로, 두 강을 사이에 두고 자리했다. 서쪽으로는 바다와 멀리 떨어진 까닭에 뻗어 내린 지세가 짧다. 금구의 모악산은 그 아래에 평지와 계곡이 있는데, 전해 오는 말로는 도읍지가 될 만하다고 하나 역시 뻗어 내린 줄기가 짧다. 안동 학가산도 두 강 사이에 있어 산세가 오관산·삼각산과 비슷하나, 돌봉우리가 적은 것이 한스럽다. 그 아래로는 풍산 들판이 있어서 도읍지가 될 만하다고 하나, 이 세 산은 모두 위에서 말한 네 산만 못하다.

　평야의 산은 비록 큰 역량은 없으나 뛰어난 경치는 기록할 만한 곳이 많다. 원주 적악산은 비록 흙산이지만 안쪽으로 아름다운 골짜기가 많고, 동서쪽으로는 이름난 마을이 많다. 게다가 산에 영험이 깃들어 있어 사냥꾼들이 감히 짐승을 잡지 못한다. 적악산 동북쪽에 있는 사자산은, 물과 돌이 삼십 리에 이르고 주천강이 이곳에서 발원한다. 남쪽에는 도화동과 두릉동이 있는데, 두 곳 모두 시내와 샘물이 아주 뛰어나다. 복 받은 땅이라 불리니, 참으로 세상을 피할 만한 곳이다.

공주 무성산은 천안 광덕산과 서로 이어져 있는데, 모두 흙산이다. 그러나 두 산의 남북으로는 긴 골짜기가 매우 많다. 이곳은 절과 요사채만 골짜기의 승지를 차지한 것이 아니라, 여염집과 경작지마저 서로 뒤섞여 긴 숲과 계곡물 위에 비치니 마치 도원과도 같다.

해미 가야산의 동남쪽은 흙산이고, 서북쪽은 돌산이다. 동쪽에 있는 가야사 골짜기는 상고 때 상왕象王(여러 부처를 가리킨다)의 궁궐터다. 서쪽에 있는 수렴동은 바위와 폭포가 매우 뛰어나고, 북쪽에 있는 강당동과 무릉동도 물과 돌이 뛰어나다. 모두 마을과 가까워 살 만한 곳이다. 비록 합천 가야산에는 미치지 못하나 바닷가의 경치를 마음껏 즐기기에는 충분하다.

남포 성주산은 남북의 두 산이 합해져서 큰 골이 되었다. 산속이 평탄하고, 계곡과 산이 밝고 깨끗하며, 물과 돌 또한 맑고 시원하다. 산 밖에서는 검은 옥이 나는데, 벼루를 만들면 뛰어난 물건이 된다. 옛날 매월당 김시습이 홍산 무량사에서 죽었는데, 바로 이 산이다. 계곡과 골짜기 사이에도 살 만한 곳이 많다.

노령산맥의 한 가지가 북쪽으로 부안에 이르러 서해로 쑥 머리를 내미는데, 서쪽·남쪽·북쪽이 모두 바다이고 그 안에 수많은 봉우리와 절벽이 있으니, 이곳이 곧 변산이다. 높은 봉우리와 깎아지른 듯한 산마루, 평지나 비스듬한 벼랑을 막론하고 큰 낙락장송이 하늘 높이 뻗어 해를 가린다. 골짜기 밖은 모두 염전과 어부들의 집이다.

산속에 좋은 밭과 기름진 두렁이 많아서 백성들은 산에서는 나물을 캐고 바다에 내려와서는 생선을 잡거나 소금을 굽는다. 이 때문에 땔감과 조개 같은 것은 사지 않아도 풍족하다. 다만 샘물에 나쁜 기운이 있는 것이 아쉽다. 이 여러 산은 큰 것은 도읍지가 될 만하고, 작은 것은 선비나 은둔자들이 숨어 살 만하다.

사람이 살 수는 없으나 명승지라 할 만한 곳으로는 영평 백운산을 꼽을 만한데, 삼부연폭포가 기이하고도 웅장하다. 곡산 고달산은 지극히 깊고 막혀 있으나, 바위 구멍과 동굴이 기묘하다.

광주 무등산은 꼭대기에 긴 바위가 공중에 수십 개나 배열되어 있어 빼어난 홀과도 같다. 산세가 준엄하고 날카로워 전라도 전체를 위압한다. 영암 월출산은 돌 끝이 날아 움직이는 듯한 것이 도봉산·삼각산과 같으나, 다만 바다와 너무 가깝고 골짜기가 적은 것이 흠이다. 장흥 천관산은 돌 모양이 절경인데, 항상 산 위에 붉고 흰 구름이 떠 있다. 흥양 팔령산은 섬처럼 바다에 깊숙이 들어가 있는데, 남사고가 복 받은 땅이라고 한 바 있다. 임진년에 왜적의 배가 여기저기 출몰했으나 이 산에는 결국 들어오지 못했다. 광주 백운산은 도선이 도를 닦던 곳으로, 샘과 돌이 아름답다. 순천 조계산에는 남쪽에 송광사의 훌륭한 계곡이 있다.

대구 팔공산 역시 돌 봉우리가 옆으로 뻗쳤는데, 산 동서쪽에는 계곡과 산이 자못 아름답다. 다만 산 서쪽에 산성을 쌓아 올려 외적을 방어하는 중요한 진으로 삼았는데, 어울리지 않는다. 대구 비파산 안에는 샘이 솟는 돌이 있다. 청도 운문산과 울산 원적산은 산봉우리가 이어져 있고 멧부리가 겹쳐 있어 골짜기가 매우 깊다. 승가에서는 천 명의 성인이 나올 곳이라 하고, 또 병란을 피할 만한 복 받은 땅이라고 한다. 청하 내연산은 바위와 폭포의 경치가 절경이고, 그윽함이 청량산보다 낫다. 청송 주방산(주왕산)은 골이 모두 돌로 되어 있어 마음과 눈을 놀라게 하고, 샘과 폭포 역시 지극히 아름답다.

이 모든 산은 다만 선도와 불도를 닦는 자들이 머물거나 한때 구경할 만한 곳이지, 결코 집을 짓고 오래 살 만한 곳은 아니다. 그 밖에도 산이라고 부를 만한 곳은 많으나 계곡이 없는 곳은 논하지 않았고, 샘과 돌이 없는 곳은 기록하지 않았다.

바다에 떠 있는 아름다운 산

바다 가운데 있는 산 중에도 놀라운 곳이 많다. 제주도 한라산은 영주산이라고도 하는데, 산 위에 큰못이 있어 사람들이 소란을 피우면 구름과 안개가 크게 일어난다. 정상에는 네모난 바위가 하나 있는데, 꼭 사람이 다듬은 것 같다. 그 아래 잔디는 작은 길을 이루고, 향기로운 바람이 온 산에 가득하다. 때때로 젓대와 피리 소리가 들리는데, 어디에서 들려오는지 알 수가 없다. 전해 오는 말에 의하면 신선이 늘 놀고 있다고 한다.

산 북쪽은 제주읍 관아로, 옛 탐라국이다. 신라 때 부속국이 되었다. 원나라에서는 이곳을 방성房星(하늘에 있는 28수 가운데 넷째 별자리로, 동쪽에 있다)에 해당하는 곳이라 하여 준마 암수를 산에 놓아서 목장으로 만들었다. 지금도 이곳에서는 좋은 말을 낳아 해마다 공물로 바친다.

제주읍 관아 동쪽과 서쪽에는 정의와 대정 두 현이 있는데, 풍속이 제주와 흡사하다. 제주목사와 두 고을의 수령이 옛날부터 왕래했지만 표류하거나 익사한 사람이 없었고, 또 조정의 벼슬아치들이 귀양 오는 일이 많았으나 역시 표류하거나 익사한 사람이 없었다. 이는 임금의 은덕이 멀리까지 미쳐 온갖 신이 이에 순응하기 때문일 것이다.

남해현은 경상도 고성 앞바다 가운데 있는데, 육지에서 물길로 십 리 거리다. 섬 안의 금산 계곡은 고운 최치원이 노닐던 곳으로, 고운이 쓴 글자가 아직도 석벽 위에 남아 있다.

완도는 전라도 강진 바다 가운데 있는데, 육지에서 십 리 거리에 있다. 신라의 청해진으로, 장보고가 웅거했던 곳이다. 섬 안에는 좋은 샘과 돌이 많고, 지금도 첨사가 통솔하는 진을 두었다.

군산도는 전라도 만경 바다 가운데 있으며, 역시 첨사의 진을 두었다. 온통 돌산으로 여러 봉우리가 뒤편을 막고 있고, 또 좌우로 빙 둘러 안았다. 그 안쪽에 항구가 있어 배를 숨겨 둘 만하다. 그 뒤에는 어장이 있어 해마다 봄, 여름 고기잡이 철이 되면 여러 고을의 장삿배가 구름같이 모여들어 바다 위에서 사고판다. 백성들은 이를 통해 부를 일구어 서로 경쟁하듯 의식주를 치장하는데, 그 호화함과 사치스러움이 육지 백성보다 심하다.

충청도 서산 북쪽 바다에 있는 덕적도는, 당나라 소정방이 백제를 칠 때 군대를 주둔시킨 곳이다. 뒤에 있는 세 개의 돌 봉우리는 하늘로 꽂힌 듯하다. 산기슭이 빙 둘러 있고 그 안쪽이 항구인데, 물이 얕아도 배를 댈 만하다. 튀어 오르는 샘물이 높은 곳에서 아래로 쏟아져 내려 평탄한 시내를 이루었고, 층층으로 된 바위와 반석이 굽이굽이 맑고도 기이하다. 해마다 봄, 여름이면 진달래꽃과 철쭉꽃이 온 산에 널리 피어, 골짜기 사이의 화려함이 비단과 같다. 해변은 모두 흰 모래밭이고 가끔 모래를 뚫고 해당화가 활짝 피어나는데, 비록 바다 섬이라지만 참으로 선경이다. 섬 백성들 중에는 고기잡이와 해초를 뜯어 부를 일군 이들이 많다. 여러 섬에 나쁜 기운이 있는 샘물이 많은데, 오직 덕적도와 군산도에는 이러한 기운이 없다.

울릉도는 강원도 삼척부의 바다 가운데 있다. 맑은 날 높은 곳에 올라가 바라보면 마치 구름 같다. 숙종 때 삼척 영장 장한상이 함경도 안변에서 물길 가는 대로 배를 띄워 동남쪽으로 가다가 이곳을 발견했다. 바람을 따라 이틀을 가서 비로소 바다 가운데 솟아 있는 큰 돌산을 발견했는데, 언덕에 오르자 사는 사람이 없고 옛사람들의 유적지만 남아 있었다.

섬 안에는 석벽, 석간, 계곡이 아주 많았다. 큰 고양이와 쥐가 서식했는데, 사람을 만나도 피하지 않았다. 대나무 또한 깃대만큼 컸고, 복숭아·오얏·뽕나무·산뽕나무·나물·꼭두서니 따위가 있었다. 이름도 알 수 없는 귀한 나무와 이상한 풀도 많았다. 이곳이 아마도 옛 우산국일 것이다.

그동안은 우리나라와 일본 사이에 있는 동해에 물마루가 고개처럼 놓여 있어서 서로 통하지 못했는데, 근래에는 물의 흐름이 차츰 변하여 표류하던 왜선이 영동 지방에 이르니 우려할 만한 일이다.

위에서 말한 것은 모두 산을 논한 것이다. 비록 명산 아래는 아니더라도 혹 두메 가운데 강이나 냇물을 끼고 있어 경치가 뛰어난 곳이나, 혹 들판 가운데 뛰어난 산과 이름난 호수가 서로 어울려 훌륭한 경치를 이룬 곳은 아래에 기록한다.

지금의 울릉도에 있던 고대의 작은 나라. 신라 지증왕 13년(512년)에 신라에 복속되었다. 《삼국사기》에 따르면 내물왕 4세손인 이사부가 우산국 병합을 계획하고서 나무 사자를 만들어 이곳 백성들을 위협하여 항복을 받아 냈다고 한다.

관동팔경의 아름다움

산수의 경치가 으뜸인 곳으로는 단연 강원도 영동을 들 수 있다. 고성 삼일포는 지극히 맑은 가운데 짙고 화려하며, 그윽하고 고요한 가운데 활짝 열려 있다. 마치 숙녀가 곱게 화장한 것 같아서 사랑스러우면서도 높일 만하다. 강릉 경포대는 한 고조의 기상과 같아, 활달한 가운데 웅장하고 아늑한 가운데 은은하여 무어라 형언할 수가 없다. 흡곡의 시중대는 맑으면서도 엄숙하고 평범하면서도 깊이가 있다. 명재상이 자리한 듯하니, 가까운 것 같으면서도 함부로 할 수가 없다. 호수와 산 중에 이 세 곳의 경치가 가장 으뜸이다.

그 다음은 간성의 화담으로, 맑은 샘물에 달이 떨어진 것 같다. 영랑호는 큰 못에 구슬을 감추어 둔 것과 같고, 양양의 청초호는 거울을 펼친 경대와 같다. 이 세 호수의 뛰어난 경치는 위에서 말한 세 호수에 버금간다.

우리나라 팔도에 다 호수가 있는 것은 아니지만, 특히 영동의 여섯 호수는 자못 인간 세상에 있는 것 같지가 않다. 삼일포 호수 가운데에는 사선정이 있는데, 곧 신라의 영랑·술랑·남석랑·안상랑이 놀던 곳이다. 이 네 사람은 벗으로서 벼슬도 하지 않고 산수와 짝하며 놀았는데, 전해 오는 말로는 도를 깨우쳐 선인이 되었다고 한다. 호수 남쪽 석벽에는 붉은 글씨가 있는데, 네 선인의 이름을 쓴 것이다. 붉은 흔적이 벽에 물들어서 천 년이 지났으나 바람과 비에 씻겨 나가지 않았으니, 참으로 이상한 일이다.

관아 객관 동쪽에는 해산정이 있다. 서쪽으로 돌아보면 금강산이 첩첩하고, 동쪽으로는 푸른 바다가 만 리이며, 남쪽으로는 긴 강 한 줄기가 시원스레 멀리 웅장하고, 크고 작은 경치와 그윽하면서도 넓은 경치를 겸했다.

남강 상류에는 발연사가 있고, 그 곁에는 감호가 있다. 옛날 봉래 양사언이 이 호수 위에 정자를 짓고 손수 비래정飛來亭이라는 세 글자를 써서 벽에 걸었다. 하루는 그중 비飛 자가 갑자기 바람을 맞아 하늘로 사라졌는데, 어디로 갔는지 알 수가 없었다. 그날 그 시간을 알아보니, 바로 양사언이 죽은 시각과 같았다. 사람들이 말하기를 "양사언의 한평생 정신이 비 자에 있었는데, 그의 정기가 흩어지자 그것도 같이 흩어졌다"라고 했다. 실로 이상한 일이다.

작은 산기슭 하나가 동쪽을 향해 고개가 되었는데, 그 위에 경포대가 자리하고 있다. 앞에는 둘레 이십 리의 호수가 있는데, 그 깊이가 사람의 배꼽을 넘지 않지만 작은 배가 다닐 만하다. 동쪽에는 강문교가 있고, 다리 너머로는 흰 모래가 겹겹으로 막혀 있다. 호수는 바다와 통하고, 모래 둑 너머로는 푸른 바다가 하늘에 닿아 있다. 옛날 최전이 스무 살 때 이 대 위에 올라 시 한 수를 지었다.

> 선경에 한번 드니 삼천 년이라.
> 은빛 바다 아득한데 끝은 맑고도 얕구나.
> 오늘 난새 타고 젓대 불며 홀로 날아왔으나
> 벽도화 밑에 아무도 없어라.

이 시는 고금의 절창이 되었으나 그 뒤를 이어 짓는 자가 아무도 없었다. 어떤 사람이 이르기를 "이 시에는 한 점의 속됨도 없으니, 이는 신선의 노래다"라고 했고, 또 어떤 사람은 "이 시는 텅 비어 그윽하니 귀신의 말이다"라고 했다. 그러나 정작 최전은 돌아가서 곧 죽었다.

전해 오는 바에 의하면 이 호수는 옛날에 어떤 부자가 살던 곳이라고 한다. 하루는 걸승이 쌀을 얻으러 왔는데, 이 부자가 그에게 똥을 퍼주었다. 그러자 살던 곳이 갑자기 내려앉아 호수가 되었고, 쌓여 있던 곡식은 흩어져 모두 작은 조개로 변했다고 한다.

해마다 흉년이 들면 조개가 많이 나고 풍년이 들면 적게 나는데, 조개 맛이 달고 향기가 있어서 굶주림을 면할 만하다. 이 고장 사람들은 이 조개를 적곡합(곡식이 쌓여 만들어진 조개)이라 부른다. 봄, 여름이면 사방 먼 곳에서 남녀들이 모여들어 캔 조개를 지고 길에 가득하다. 호수 바닥에는 지금까지도 기와 조각과 그릇들이 있어서 헤엄치는 사람들이 가끔 줍는다.

호수 남쪽 언덕은 돌아가신 판서 심언광이 살던 곳이다. 심언광이 조정에서 벼슬할 때 머리맡에 호수 풍경을 그려 놓고 이렇게 말했다.

"내게 이와 같은 호수와 산이 있으니, 내 자손은 세상에 이름을 떨치지 못하고 반드시 쇠할 것이다."

호수 남쪽 몇 리 떨어진 곳에 위치한 한송정에는 돌솥과 돌절구 같은 것이 있는데, 사선四仙이 노닐던 곳이다. 시중호에는 정자가 없고 모래 언덕이 겹겹이 쌓여 있다. 호수의 물이 이리저리 굽이치며 돌고, 맑고 깨끗하면서도 엄숙한 풍경이 더 없이 좋다. 옛날 한명회가 감사로 있을 때 이 호수에서 연회를 열었는데, 때맞추어 정승에 제수한다는 기별이 오자 고을 사람들이 시중호라고 이름 지었다.

통천의 총석정은 금강산 기슭이 바로 큰 바다 가운데로 들어가 섬처럼 된 곳이다. 기슭의 북쪽 바다 가운데에는 큰 돌기둥이 있는데, 산기슭을 따라서 한 줄로 늘어서 있다. 돌 뿌리는 바다 가운데로 들어가 있는데, 위쪽은 산기슭 높이와 같다. 산기슭과는 백 걸음도 안 떨어져 있으며, 기둥 높이는 백 길쯤 된다.

예종과 성종의 왕비인 장순왕후와 공혜왕후의 아버지로, 호가 압구정이다. 세조를 도와 단종을 쫓아냈고, 사육신을 죽이는 데 적극적으로 협조함으로써 출세가도를 달렸다. 사진은 그의 정자인 압구정을 그린 것이다.

대개 돌 봉우리는 위가 뾰족하고 아래가 넓은데, 이것은 아래위가 한결같으므로 기둥이지 봉우리라고 할 수가 없다. 기둥의 몸체는 둥근데, 둥근 기둥 가운데 깎은 흔적이 밑에서부터 위까지 목공이 다듬은 것처럼 있다. 기둥 위에는 노송이 점점이 이어져 있고, 기둥 밑 바다 속으로는 수없이 많은 작은 돌기둥이 서 있거나 누워 있어 파도와 함께 서로 깨물고 먹히는 듯하다. 참으로 사람이 만든 듯하니, 조물주의 솜씨가 너무나 기묘하고 뛰어나다. 천하의 신기한 광경이자 세상에 둘도 없는 경치다.

　삼척의 죽서루는 오십천에 자리하고 있는데, 경치가 빼어나다. 절벽 아래에는 어두운 구멍이 있는데, 물이 그 위에 닿으면 낙수처럼 새고 나머지 물은 누각 앞 석벽을 돌아서 고을 앞을 가로지른다. 옛날 배를 타고 놀던 사람들이 잘못하여 이 구멍 속으로 들어갔는데, 간 곳을 모른다고 한다. 사람들이 말하길 "고을 터가 공망혈空亡穴(풍수에서 터를 잡을 때 피하는 곳 중의 하나로, 이곳에 터를 잡으면 사람이나 재물이 저절로 없어지고 아무 일도 되지 않는다고 한다)에 위치하여 인재가 나지 않는다"라고 한다.

　그 밖에도 양양 낙산사, 간성 청간정, 울진 망양정, 평해 월송정이 모두 바닷가에 위치한다. 더없이 푸른 바닷물이 하늘과 하나가 되었으며, 앞이 탁 트여 막힘이 없다. 바닷가에는 강가나 계곡, 호반처럼 작은 돌과 기이한 바위가 언덕 위에 섞여 있는데, 푸른 파도 사이로 보일 듯 말 듯하다.

　해안은 온통 반짝이는 눈빛 모래로 덮여 있어, 밟으면 사박사박 소리가 나는 것이 구슬 위를 걷는 것 같다. 모래 위에는 해당화가 흐드러지게 피어 있고, 가끔 솔숲이 늘어서 있어 하늘을 찌를 듯하다. 그 안으로 들어가면 사람의 마음이 문득 변하여, 인간 세상의 경계가 어디인지, 자신의 모습이 어떤 건지 알 수 없고, 황홀하여 공중을 나는 듯하다. 이곳을 한번 지나면 절로 별 세계 사람이 되고, 이곳을 거쳐 간 자는 십 년이 되어도 얼굴에 자연의 기상 이 남아 있다.

함경도 안변의 학포

영동 아홉 군 너머 흡곡 북쪽은 함경도 안변부다. 철령의 한 줄기가 뻗어 바다 위에서 겹겹이 펼쳐지는데, 마치 높은 덮개나 병풍을 펼친 듯 그림처럼 아득하다. 좌우의 두 가지는 바다를 에워싸서, 마치 사람이 팔짱을 끼고 있는 듯하다. 그 빈틈으로 작은 바위벽이 줄지어 있는데, 수많은 아궁이가 들판에 뿔뿔이 흩어져 있는 것 같다. 이것이 나란히 이어지면서 서로 막아 바다를 볼 수 없다.

그 안에는 학포라는 큰 호수가 있는데, 둘레가 삼십 리이고 물이 깊고도 맑다. 사면이 모두 흰 모래 언덕이고, 모래 속에서 해당화가 피어 비단을 펼 쳐 놓은 듯 빛난다. 산들바람이 잠깐 불면 가는 모래가 날려 무더기를 이루 는데, 많이 날릴 때는 봉우리를 이룬다. 아침저녁으로 이리저리 움직이니, 하루에도 그 변화를 헤아릴 수 없다. 마치 서해의 금모래와 같이 신기하기 그지없다.

뒤로는 빼어난 봉우리와 언덕이 수줍은 듯 아름다워서 먼 듯 가까운 듯 알 수가 없다. 앞으로는 맑은 파도와 가는 물결이 넘치면서 평탄하여 움직이는 것도 같고 고요히 머무는 듯도 하다. 중국인이 절강의 서호를 곱게 화장한 미인에 비하는데, 우리나라에서 서호에 견줄 만한 곳으로는 오직 이 호수뿐이다. 이 호수는 영동의 여섯 호수와도 비교할 바가 아니다.

옛날에는 이 호수가 흡곡에 속했는데, 중간에 함경도 안변에 편입되었다. 흡곡 백성들이 안변 백성들을 상대로 조정에 소송했으나 뜻대로 되지 않았다. 결국 호수는 북도에 편입되었다. 북도는 본래 사대부가 살 만한 곳이 못 된다. 경치 좋은 곳과 이름난 곳도 절해 언덕에 헛되이 버려져 있고, 다만 지나가는 나그네들만 즐기는 곳이 되었다. 대접을 받고 못 받는 차이가 이와 같으니, 참으로 아까운 노릇이다.

바다 가운데 천 리 되는 곳에 국도가 있다. 뒤편으로는 돌기둥이 버티고 일어나 한데 모였고, 위쪽 또한 돌 봉우리를 이루어 사면이 모두 돌인데 잔디가 붙어 있다. 이곳에서는 대로 만든 화살을 생산하는데, 질이 아주 좋다. 사람이 살지 않으며, 유람객들이 이곳에 구경하러 와서 바라와 피리를 불면 밑에 있는 용추에서 갑자기 뇌성이 일고 바람과 비가 쏟아지는 괴이한 일이 일어난다.

충청도 네 고을의 산수

영춘, 단양, 청풍, 제천 네 고을은 비록 충청도 경계에 있지만 실은 한강 상류 골짜기에 위치한다. 강 연안에는 석벽과 반석이 많다. 그중에서도 단양이 가장 뛰어난데, 군 전체가 첩첩산중에 있다. 십 리에 이르는 들판은 없으나 강과 계곡, 바위와 골의 경치가 뛰어나다.

세상 사람들이 이담삼석二潭三石이라고 하는데, 이담 가운데 하나인 도담은 영춘에 있다. 강이 휘돌면서 머물러 깊고도 넓다. 물 가운데에는 세 개의 돌 봉우리가 솟아 있는데, 활줄같이 한 줄로 떨어져 서 있다. 쪼아서 아로새긴 솜씨가 기묘하여, 마치 인가에서 쌓은 석가산(정원 한가운데 돌을 쌓아서 만든 자그마한 산) 같다. 다만 낮고 작아서 높고 우뚝하며 깎아지른 듯한 모습이 없는 것이 흠이다.

구담은 청풍에 있다. 양쪽 언덕의 석벽이 하늘 높이 솟아서 해를 가리고, 그 사이로 강이 흘러간다. 석벽이 겹겹으로 가려서 마치 문 같은데, 좌우에는 **강선대** · 채운봉 · 옥순봉이 둘려 있다. 강선대는 높은 바위가 강가에 따로 서 있는 것인데, 그 위에는 백 명이 앉을 수 있다. 채운봉과 옥순봉 두 봉우리는 모두 만 길이나 되는데, 순전히 하나의 돌로 되었다. 그중에서도 옥순봉이 더 곧게 솟아 있어, 마치 거인이 팔짱을 낀 채 서 있는 것 같다.

단양군 적성면 가은암산 아래 있는 큰 바위. 이호대와 서로 마주보고 있으며, 양쪽 강기슭의 기암절벽과 노송이 울창하여 절경이다. 전설에 의하면 신선이 내려와 놀던 곳이라 하여 강선대라고 한다. 강선대 남쪽에는 옛 단양의 명기였던 두향의 무덤이 있는데, 이곳을 찾는 기생들은 반드시 제사했다고 한다.

무자년(1708년) 여름, 내가 안동을 따라 서울로 올라갈 때 단양읍 앞에서 배를 타고 옥순봉을 지나다가 연구聯句를 지었다.

> 땅 위의 높은 형상 단정한 선비가 서 있는 것 같고,
> 물결 속 움직이는 그림자는 늙은 용이 나는 것 같네.
>
> 정신은 강산의 빛을 빼어나게 하고,
> 기세는 우주의 형상을 높게 세웠구나.

　강 가운데에는 또한 반석이 많아 물이 줄어들면 돌이 드러나고, 물이 깊어지면 돌이 사라진다.

　삼암은 군의 서남쪽 골짜기 가운데 있다. 산속 큰 계곡은 돌로 된 골짜기를 따라 아래로 흐르는데, 계곡 바닥과 양쪽 언덕이 모두 돌로 되어 있다. 언덕 위의 기암은 혹은 작은 봉우리인 듯, 혹은 평상을 펴놓은 듯, 혹은 성의 벽돌을 쌓아 놓은 듯하다. 위에는 노송과 고목이 누워 있기도 하고 엎어져 있기도 하며 여기저기 얽혀 있다.

　계곡 물이 길게 파인 돌을 만나면 돌 구유에 물을 담아 놓은 것 같고, 둥글게 파인 돌에 이르면 돌 가마솥에 물이 가득 찬 것 같다. 돌과 물이 서로 부딪쳐 밤낮으로 요란하고, 시냇물 곁에서는 사람의 말소리가 들리지 않는다. 좌우의 산등성이에는 큰 나무가 울창하고 온갖 새들이 지저귀어 실로 인간의 경계가 아니다. 이와 같은 바위가 세 개 있는데, 위에 있는 것이 상선암, 가운데 있는 것이 중선암, 아래에 있는 것이 하선암이다.

내가 무자년(1708년)에 단양을 지날 때 군수 김중우, 도사都事 이덕운과 더불어 이곳에서 놀면서 연구를 지었다.

> 첩첩 골짜기가 황홀하니 봄꿈인가 의심하면서
> 천추에 길이 신선놀음을 생각하노라.

과연 언제 신선놀음 하자던 약속을 지킬 수 있을지 모르겠다.

동남쪽에는 운암이 있는데, 작은 산기슭이 들로 내려와 우뚝 솟은 것이다. 아래에는 석벽이 있는데, 동남쪽 산골 물이 커져 석벽 아래를 돈다. 그 위에는 서애 류성룡의 옛 정자 터가 있어 자못 계곡의 풍치가 있다.

옛날 서애가 임금이 하사한 표범 가죽으로 이 정자 터를 사서 두어 칸 집을 지었다. 무술년(1598년)에 남이공이 이경전을 위해 서애를 탄핵하면서 이 정자를 미오郿塢(한나라를 배반했던 동탁이 섬서성 마현 북쪽에 대를 쌓고 만세오라 했는데, 미현에 있으므로 미오라고도 했다)에 비유했다. 서애의 글 가운데 "붉은 벼랑과 푸른 석벽조차 탄핵하는 글 가운데 들어 있다"라고 한 것이 바로 이곳이다.

서애가 벼슬을 그만두고 돌아간 뒤 선조가 정승 이항복을 시켜 조정 신하 가운데 청백리를 뽑으라 하자, 이 정승이 서애를 뽑아서 올렸다. 아마도 남이공이 그를 무고한 것을 애통해했기 때문이리라. 서애가 서울을 떠나면서 광나루에 이르러 시를 지었다.

> 전원으로 돌아가는 길은 삼천 리인데,

임금님의 깊은 은혜는 사십 년이로구나.

그가 나라를 생각하면서 차마 떠나지 못하는 뜻을 생각해 볼 수 있다. 서애가 죽자 정자는 곧 허물어졌다. 그러나 영동은 외지면서 바다에 바싹 다가가 있고, 단양은 험준하고 후미져서 모두 살 만한 곳이 못 된다.

강 주변의 살 만한 곳

높은 산과 급한 물, 험한 골짜기와 빠른 여울은 비록 한때 구경할 만한 풍치는 있으나, 절이나 도 닦는 자리로는 괜찮아도 대를 이어 오래 살 곳으로는 적당하지 않다. 반드시 들에 자리한 고을로서, 계곡과 강산의 풍치가 있고, 넓으면서 밝고 화창하며, 깨끗하고도 아늑하고, 산이 높지 않으면서 수려하고, 물이 크지 않으며, 기암괴석이 있더라도 어둡고 험한 형상이 없는 곳이라야 신령한 기운이 깃들어 살 만하다. 이런 곳이 읍에 있으면 이름난 성이 되고, 시골에 있으면 이름난 마을이 될 것이다.

팔도에서 살 만한 강가로는 평양 외성을 첫째로 친다. 평양은 앞뒤로 백 리에 이르는 들판이 시원하게 펼쳐져 있어 기상이 크고 넓다. 산색이 수려하고, 강물도 급히 쏟아지지 않고 조용히 앞으로 흐른다. 산은 들이라 부를 만하고, 들은 강이라 부를 만큼 평탄하고 수려하다. 또한 강이 대단히 넓고 커서 작은 장삿배가 물결 가운데 오고가며, 빼어난 돌과 기암이 강 언덕을 에워

쌌다. 서북쪽에는 좋은 밭과 평평한 두렁이 지평선까지 펼쳐져 있어 하나의 별천지를 이룬다.

성안에는 관아와 관속들의 집이 있고, 평민들은 성 밖에 거주한다. 외성이란 위만과 주몽 때 토성을 쌓아 성곽을 만든 것이다. 비록 허물어져 평탄하나 아직도 성터가 있고, 여염집이 그 가운데 널리 퍼져 있다. 남쪽으로는 큰 강에 닿아 있어 해마다 봄·여름이면 아낙네들이 널어놓은 빨래가 십 리에 걸쳐 눈부시고, 빨래 방망이 소리에 갈매기와 오리가 놀라서 날아간다. 집이 즐비하고 상가가 번화하여 기자 때부터 지금까지 성쇠가 변함없으니, 지리가 얼마나 뛰어난지 알 수 있다.

그러나 전해 오는 말에 의하면 "평양의 지리는 배가 지나가는 형국이라 우물 파는 것을 꺼린다. 옛날에 우물을 팠는데 읍내에 화재가 많이 나서 결국 메워 버렸다"라고 한다. 온 고을 백성들이 공사를 막론하고 강물을 길어다 써야 하고, 땔나무 얻을 길이 쉽지 않아 땔감이 매우 귀한 것이 흠이다.

다음은 춘천의 우두촌을 들 수 있는데, 소양강 상류 두 줄기 물이 옷깃처럼 만나는 그 안쪽에 자리하고 있다. 물가에는 돌이 있고, 돌 아래에 강이 있으며, 강 너머에는 산이 있다. 비록 좁은 골짜기이지만 먼 곳까지 열려 있어 밝고 상쾌하다. 또 강 하류에 배가 통하여 생선과 소금에서 이익을 얻는다. 백성 가운데 장사를 통해 부를 일군 자들이 많은데, 맥국 때부터 인가가 줄지 않았다.

다음은 여주읍으로 한강 상류 남쪽 언덕에 있다. 언덕 남쪽의 들판이 곧장 사십여 리에 통해 기상이 맑고도 멀다. 강이 크거나 급하지 않고, 동쪽에서 서북쪽으로 흘러간다. 상류에 마암과 벽사라는 바위가 있어 물살을 약하게 한다. 서북쪽은 평탄해 읍이 된 지 수천 년이 되었다.

강 마을 중에는 농사짓는 이로움을 겸한 곳이 드물다. 혹 마을이 두 산 사이에 있고 앞이 강물로 막혀 있으면 모래와 자갈뿐이어서 경작할 만한 밭이 부족하다. 또 있다 하더라도 멀어서 경작하거나 거둘 수가 없다. 또 지대가 낮으면 논밭이 물에 잠겨 수확할 수 없다. 그렇지 않은 땅이 있다 하더라도 모두 척박하다. 강물이 깊고 크면 물을 대기가 마땅치 않고 가뭄과 수해가 쉽게 오므로, 강가에 살면 비록 강산의 경치는 즐길 수 있을지언정 의식을 얻는 데는 부족하다. 위에서 말한 세 곳이 좋다고 하는 것은 들판이 열려 있기 때문이다.

풍덕의 승천포와 개성의 후서강은 모두 조수가 혼탁한데다가 나쁜 기운마저 띤다. 한양의 여러 강 마을은 앞산이 너무 가깝다. 충주는 금천과 목계를 제외하면 나머지 마을은 모두 쓸쓸하고 외롭다. 공주는 오직 금강 석벽만 경치가 뛰어날 뿐, 좁은 구석의 궁벽한 마을이다. 상주의 낙동은 양쪽 언덕이 황량한 골짜기다. 나주와 목포, 광양의 섬진강과 진주 영강은 너무 멀리 있다.

다만 부여에서 남쪽으로 은진까지, 서쪽으로 임피까지는 모두 강가에 자리한 마을이 많은데, 삼남의 중심에 위치하고, 서울과도 멀지 않으며, 들이 가깝고 땅도 자못 기름져 농사를 지을 만하다. 벼, 모시, 삼, 생선, 게 등에서 이익을 얻고 이것을 남북으로 수송하므로 강과 바다의 배가 모여든다. 한강 이외에는 오직 이곳이 살 만하다. 압록강과 두만강은 논하지 않겠다.

살기 좋은 계곡 마을

전해 오는 말에 의하면 "냇가에 사는 것은 강가에 사는 것만 못하고, 강가에 사는 것은 바닷가에 사는 것만 못하다"라고 한다. 이는 물자를 교역하고 생선과 소금에서 이익을 얻는 것을 말한다. 실제로 바다는 바람이 많아서 사람의 얼굴이 검게 되기 쉽고, 각기·수종·장기·학질 등의 병이 많다. 또 샘물이 귀하고, 땅에는 소금기가 있으며, 탁한 조수가 드나들어 맑은 기운이 거의 없다.

우리나라는 지세가 동쪽이 높고 서쪽이 낮다. 강이 산골에서 나와 유유하고 평온한 기상이 적고, 늘 거꾸로 말려들거나 급하게 쏟아지는 형세다. 그러므로 강가에다 정자와 집을 지으면 지리에 변동이 많아 흥망을 예측할 수 없다.

그러나 냇가에 살면 평온한 아름다움과 시원스런 운치가 있고, 관개를 통해 농사짓는 이로움이 있다. 그러므로 "바닷가에 사는 것은 강가에 사는 것만 못하고, 강가에 사는 것은 냇가에 사는 것만 못하다"라고 해야 한다.

냇가에 살 때는 반드시 고개에서 멀지 않은 곳이라야 한다. 그래야만 평시건 난세건 오래 살 만하다. 냇가에 살 만한 곳으로는 영남 예안의 도산과 안동의 하회를 으뜸으로 꼽는다. 도산은 두 산줄기가 합쳐져 긴 골짜기를 이루었는데, 산이 그리 높지 않다. 황지의 물이 이곳에 이르러 비로소 커지고, 골짜기 입구 밖에서 큰 시내가 되었다. 양쪽 산기슭은 모두 석벽이고 물가에 위치하여 경치가 훌륭하다. 물이 넉넉하여 배가 다닐 수 있고, 골짜기에는 오래

된 나무가 아주 많아 조용하고 한가하며 깨끗하고 그윽하다. 산 뒤편과 계곡 남쪽은 모두 좋은 밭과 평탄한 고랑이다. 퇴계가 살던 암서헌 두 칸 옛집이 아직도 있는데, 안에는 퇴계가 쓰던 벼루·문갑·지팡이·신 등과 함께 종이로 만든 선기옥형璿璣玉衡(천체를 관측하던 기계)이 있다.

하회는 평탄한 언덕으로 황강 남쪽에서 서북쪽을 향해 있는데, 이곳에 서애의 옛집이 자리하고 있다. 황강 물이 휘돌아 흘러 펼쳐지는데, 마을 앞에서 머물며 깊어진다. 수북산이 학가산에서 갈라져 나와 강가에 둘렸는데, 모두 석벽이다. 돌 빛이 온화하고 수려하여 조금도 험한 모양이 없다. 위로는 옥연정과 작은 암자가 바위 사이에 점점이 이어졌고, 소나무와 전나무로 덮여 절경을 이룬다.

도산 아래를 흐르는 분강은 농암 이현보가 살던 곳이다. 강 남쪽은 곧 제주 우탁이 살던 곳으로, 모두 경치가 그윽하고 뛰어나다. 하회 위아래에는 삼구정·수동·가일 등의 마을이 있는데, 모두 강가에 있는 이름난 마을이다. 하류에는 여울이 많아서 낙동강 장삿배들이 왕래하지 못하지만, 마을 앞에서는 작은 배를 이용할 수 있다. 논밭이 그리 멀지 않아 평시에 농사를 지을 만하고, 소백산과 가까워서 난세에는 숨어 살 만하다. 냇가에 살 만한 터로는 오직 이 두 곳이 나라 안에서 으뜸이다. 땅이 사람 때문에 귀해지는 것은 아니다.

그 밖에도 안동 동남쪽에 임하천이 있는데, 청송읍 시냇물 하류가 황강의 물과 합쳐진 것이다. 임천에는 학봉 김성일이 살던 곳이 있는데, 지금도 문중이 번성하여 이름난 고을로 꼽힌다. 그 옆에는 몽선각과 도연선찰 같은 명승지가 있다.

고을 북쪽에 있는 내성촌은 이상 권발이 살던 곳으로, 청암정이 있다. 연못 가운데 놓인 큰 돌 위에 정자가 있어서 섬과 같으며, 개울이 사방을 흘러돌아 경치가 자못 그윽하다. 또 북쪽에 있는 춘양촌은 바로 태백산 남쪽으로, 정언 권두기의 한수정이 대대로 전해져 온다. 이 또한 냇가에 접해 있어 아늑하고 그윽하며 뛰어난 운치가 있다.

임하천 상류는 청송이다. 큰 냇물 두 줄기가 고을 앞에서 합쳐지며, 들이 자못 넓게 펼쳐져 있다. 흰 모래와 푸른 물결이 논밭 사이로 띠처럼 비친다. 사방 산에는 잣나무가 우거져 그늘지고 사철 푸르며, 시원스럽고 아늑하여 속세가 아닌 듯하다.

영주 서북쪽 순흥부에는 죽계가 있는데, 소백산에서 흘러나오는 계곡이다. 들이 넓고 산이 낮으며 물과 돌이 맑고 밝다. 상류에는 **백운동서원**이 있어 문성공 안유(안향)를 배향한다. 이 서원은 명종 때 부제학 주세붕이 풍기군수로 있으면서 세운 것으로, 우리나라 최초의 서원이다. 서원 앞 계곡에는 누각이 있는데, 밝고 넓어서 온 고을의 절경을 모두 차지한다.

이 두 고을은 시내와 산의 모습과, 땅에서 얻는 이익이 안동의 여러 이름난 마을과

경북 영풍군 순흥면에 있는 우리나라 최초의 서원으로, 본래 이름이 소수서원이다. 1543년 풍기군수인 주세붕이 평소 흠모했던 회헌 안향의 연고지에 부임함을 계기로 그의 향리에 사당을 세우면서 비롯되었다. 다음 해 주세붕은 사당 앞에 향교 건물을 옮겨 제실을 마련하고 선비들의 배움터로 삼았다.

비슷하다. 그래서 "소백산과 태백산 두 산 아래와 한강 상류는 참으로 사대부가 살 만한 곳이다"라고 말한다.

그 다음으로는 적등산 남쪽 용담의 주줄천, 금산의 잠원천, 장수의 장계, 무주의 주계를 꼽는다. 이곳은 냇물과 산이 대단히 뛰어나고 땅이 비옥하여 목화와 벼가 잘 된다. 관개를 통해 해마다 흉년을 알지 못하니, 태백산·소백산 지역과 황강 상류에 비할 바가 아니다.

네 고을의 중간 지점에는 전도·후도·죽도라는 세 섬이 있는데, 경치가 좋다. 그러나 시내와 산의 경치는 좋으나 농사지을 땅이 좁고 멀리 떨어져 있는 것이 흠이다. 네 고을의 동서쪽 산은 모두 크고 깊어 난을 피할 만한 곳이 매우 많다.

여기에서 북쪽으로 흘러가던 물이 다시 동쪽으로 꺾어져 옥천 땅으로 들어가 양산의 채하계와 이산의 구룡계가 된다. 지역에 따라 시내의 이름은 다르지만 사실은 한 줄기로, 모두 적등강 상류다.

냇가에는 겹겹의 바위와 수려한 절벽이 많고, 서북쪽은 높게 막히고 동남쪽은 넓게 터져서, 맑고 그윽하며 아늑하고도 넓다. 산은 높고 수려하며 거칠거나 험한 모습이 없다. 강물은 비록 하류까지 배가 통하지 않지만, 때때로 물이 돌아 깊게 고여서 작은 배를 이용할 만하다. 그 아름다움은 도산과 하회에 비할 만하다. 동쪽으로는 황악산, 덕유산과 가까워 병란을 피할 만하다. 그러나 논이 적은 까닭에 백성들은 오로지 목화 농사를 생업으로 삼는다. 이를 교역해서 얻는 이익이 기름진 논에서 얻는 이익과 맞먹으므로, 땅이 주는 이득 또한 위의 네 군보다 덜하지 않다. 그러므로 이곳은 진실로 뜻이 높은 자와 숨은 선비가 살 만한 곳이다.

　그 다음으로는 화령과 추풍령 사이에 있는 안평계, 금계, 용화계를 들 수 있다. 상주, 영동, 황간이 만나는 곳에 있는 이 세 계곡은 시내와 산이 지극히 빼어나다. 관개의 이로움이 있어 논도 기름지고 면화밭도 많다. 호남과 영남 사이에 끼어 있어서 땅이 그리 궁벽하지 않고, 상인들이 모여들어 물자를 교역하므로 부자가 많다. 땅에서 나는 이익이 다른 곳에 비해 으뜸이다.

　그러나 들판이 활짝 펼쳐져 있지 않아 청명한 기상이 황강 북쪽이나 양산과 이산에 미치지 못한다. 북쪽으로는 속리산과 접하여 시루목과 도장산이 있고, 남쪽으로는 황악산과 인접하여 상하에 휘어진 계곡 두 곳이 있으니, 병란을 피할 만한 참으로 복된 땅이다.

　그 다음은 문경의 병천으로, 가은·봉생·청화·용유 같은 명승지가 있다. 북쪽으로는 선유동 골짜기와 잇닿아서 시내와 산, 샘과 돌이 절경을 이룬다. 논이 기름지고 땅은 감과 밤나무가 자라는 데 적합하다. 주위 백 리가 모두 난을 피할 만한 복된 땅으로, 참으로 은자가 살 만하다. 그러나 궁벽한 곳에 위치해 있고 산이 살기를 벗지 못해, 세상을 피해 도를 닦기에는 적합하지만 평소에 살 만한 곳은 아니다.

　그 다음은 속리산 북쪽, 달천 상류인 괴산의 괴탄이다. 그 위쪽에 있는 고산정은 작고한 판서 서경 유근의 별장이다. 명나라의 주지번이 우리나라에 사신으로 왔을 때 화공을 보내 그 모습을 그리게 하여 보고는, 시를 지어 액자에 걸었다. 비록 산골짜기로 지형이 좁고 막혀 있지만 계곡과 산이 밝고 깨끗하며, 농사지어 수확하는 즐거움 또한 있다. 동쪽에는 희양산이 있는데, 병난을 피할 만하다.

계곡을 따라 남쪽으로는 청천, 구만, 용화, 송면 등의 마을이 있다. 속리산 북쪽에서 남쪽으로 율치를 넘으면 문경과 병천에 이른다. 율치 이북은 지세가 매우 높아서 여러 마을이 모두 산을 등지고 개울에 닿아 있다. 언덕과 들이 푸르고 깨끗하며 풀과 나무가 향기를 품어 별천지를 이룬다. 비록 산중에 있으나 거칠고 험한 봉우리가 없어, 참으로 은자가 머물 만하다. 다만 밭은 많으나 논이 적고 땅이 메말라 수확이 적으니, 병천과 괴탄에 미치지 못한다.

그 다음은 원주의 주천강이다. 깊은 골짜기에 자리하고 있지만 들판이 탁 트여 있다. 산이 그리 높지 않고 물이 몹시 맑고 푸르다. 다만 논이 없어 백성들이 오로지 조와 기장을 심어 생활한다. 서쪽으로는 적악산이 하늘 높이 솟아서 인간 세계와 단절되어 있다. 병난을 피하거나 세상을 피하기에는 적합하나, 청천이나 병천에 비하면 너무 가난하고 험하다.

고개를 떠나 아래 들판에 위치한 시냇가 마을은 이루 다 꼽을 수가 없다. 대개 공주의 갑천을 첫째로, 전주의 율담을 둘째로, 청주의 작천을 셋째로, 선산의 감천을 넷째로, 구례의 구만을 다섯째로 꼽는다.

갑천은 들판이 아주 넓고 사방의 산이 맑고 수려하다. 세 줄기 큰 내가 들 가운데로 모여들어 모두 관개에 이용된다. 땅은 모두 1묘에서 1종을 거두며, 목화 재배에도 적당하다. 강경과 멀지 않고 앞에 큰 시장이 있어 바닷길로 통하는 이점이 있으니, 대대로 이어 살 만하다.

율담 동쪽에는 높은 산이 솟아 있고, 서쪽에는 좋은 밭이 있으며, 남쪽에는 큰 시내가 있다. 논은 모두 1묘에서 1종을 거둘 정도이고, 고기잡이의 즐거둠과 농사짓는 이익이 갑천에 뒤떨어지지 않는다. 또 전주와도 대단히 가까워 이용후생을 아울러 갖추었다.

작천 서쪽에는 장명·금성·자적·정좌 등의 마을이 있는데, 골짜기가 대단히 많고 관개의 이익이 있어 예부터 부잣집이 많다.

김천은 황악산에서 발원하는데, 부근 평야에 물을 댈 수 있어 논이 비옥하므로 사람들이 풍년과 흉년을 모른다. 그래서 대대로 부잣집이 많고 풍속 또한 매우 순후하다.

구만은 곧 지리산으로, 원래 동쪽으로는 줄기가 있으나 서쪽으로는 줄기가 없다. 오직 한 줄기가 서쪽으로 뻗어서 크게 멈추었으니, 이곳이 곧 구만이다. 잔잔한 물이 구만을 감돌며 안았고, 강 너머에는 오봉산이 남쪽으로 보인다. 두 도 사이에 끼어서 물자를 교역하는 곳이 되었는데, 넓은 들이 모두 비옥하다. 별이 드물고, 달 밝은 밤이면 강 위의 작은 배가 사람도 없이 홀로 양쪽 기슭을 오간다. 전해 오는 말로는 오봉산에 선인이 있어 지리산을 왕래하기 때문이라고 한다. 구만 한 마을만을 가지고 다른 시냇가 마을과 비교한다면, 이곳의 이익이 훨씬 크다. 다만 남해와 가까워서 물과 흙이 북쪽 마을에 비해 못하다.

이 다섯 곳은 모두 지리와 생리가 뛰어나 도산, 하회보다 더 훌륭하다. 그러나 고개와 멀리 떨어져 있으므로 평시에는 살기 좋으나 병난을 피할 만한 곳은 아니다. 그러므로 황강 북쪽의 여러 마을에 미치지 못한다. 오직 구만은 동쪽에 지리산이 있어 치세건 난세건 살 만하다.

그 밖에 충청도 보령의 청라동, 홍주의 광천, 해미의 무릉동, 남포의 화계에 모두 대를 이어 사는 부자가 많다. 이곳은 여러 고을과 이웃해 있으며, 뱃길로도 가까워 서울 사대부들이 모두 이곳을 통해 물자를 운송한다. 비록 깊은 산과 큰 골짜기는 없으나 바다 모퉁이에 있는 외진 곳이므로 전란이 애초부터 들지 않아 가장 복 받은 땅이라 불린다.

전라도 남원의 요천, 흥덕의 장연, 장성의 봉연은 모두 땅이 기름지고 이름난 고을이라 대를 이어 살아가는 토호가 많다.

경상도 대구의 금호강, 성주의 가천, 금산의 봉계는 모두 논밭이 기름져 신라 때부터 지금까지 인가가 줄어들지 않는다. 지리와 생리가 모두 대를 이어 살 만큼 갖추어진 곳이나, 난리를 피하기에는 적당하지 않다. 오직 가천과 봉계는 고개가 가까워 치세나 난세 모두 살 만하다.

경기도 용인의 어비천과 음죽의 청미천은 땅의 비옥함이 삼남 지방과 같아서 살 만하다.

강원도는 원주의 안창계 일대와 횡성읍 냇물 좌우편으로 계곡과 산의 경치가 뛰어나다. 그러나 땅이 척박해 삼남 지방에는 훨씬 미치지 못한다.

황해도는 오직 해주의 죽천, 송화의 수회촌이 계곡과 산의 경치가 좋고 땅역시 메마르지 않다. 서쪽으로는 바다와 접해 있어 생선과 소금에서 얻는 이익이 있으니, 참으로 살 만하다.

황해도와 강원도가 만나는 평강에는 정자연이 있는데, 황씨가 대대로 살아온 곳이다. 철원 북쪽에 있는데, 큰 들 가운데 평탄한 산이 솟아 있고, 큰 시내가 안변의 삼방치에서 서남쪽으로 흘러내려 오다가 마을 앞에서 더욱 깊고 넓어져 작은 배가 다닐 만하다. 강 언덕의 석벽이 병풍처럼 둘려 있고, 정자와 대, 수목의 그윽함이 뛰어나다.

서쪽은 이천 북쪽으로, 광복촌이 있다. 안변과 영풍에서 내려오는 물이 광복에 이르러 더욱 깊어지고 감돌아 배가 다닐 만하다. 땅은 모두 흰 돌과 밝은 모래로 되어 환하게 밝고 기묘한 기운이 감돈다. 온 고을에 논은 적지만 오직 광복촌만은 물을 댈 수 있어 땅이 아주 비옥하다. 북쪽에는 깊은 고미탄과 험한 검산이 있어 평시나 난세에 모두 살 만하다. 다만 지역이 너무 궁벽한 것이 한스럽다. 백성들은 모두 부자이지만 사대부는 없다.

광복촌의 물은 이천읍 앞에 이르러 더 커져서 강이 되는데, 봄·여름에 물이 불어나면 세곡을 실은 배를 띄워 서울로 나른다. 강물이 안협에 이르러 고미탄 물과 만나고, 토산을 거쳐 삭령 징파도에 이르면 강이 맑고 산이 멀어지는데, 서울 사대부의 정자와 누각이 비로소 나타난다.

무릇 산수란 정신을 온화하게 하고 감정을 화창하게 한다. 사는 곳에 산수가 없으면 사람이 거칠어진다. 그러나 산수가 좋은 곳은 생리가 풍부하지 못한 곳이 많다. 사람들이 자라처럼 숨어 살 수 없고 지렁이처럼 먹지 못하니, 한갓 산수만을 구해 살 수는 없다. 그러므로 기름진 땅과 넓은 들과 지리가 아름다운 곳을 골라 집을 짓고 사는 것이 좋다. 십 리 밖이나 한나절 거리 안에 산수가 빼어난 곳을 사 두었다가 때때로 오가며 근심을 풀고, 혹은 머물렀다가 돌아올 수 있다면, 이야말로 자손 대대로 이어나갈 만한 방법이다.

옛날에 주자가 무이의 산수를 좋아하여, 물 구비와 산봉우리마다 글과 그림으로 꾸미지 않은 곳이 없었다. 그러나 그곳에 살 집을 두지는 않았다. 일찍이 그가 말했다.

“봄철에 저곳에 가면 붉은 꽃과 푸른 잎이 서로 비치는 것이 또한 싫지 않다.”

　후세 사람으로서 산수를 좋아하는 자라면 본받을 만한 일이다.

총론

이자李子(저자 자신)가 말했다.

"우리나라는 중국 밖에 위치해 있어서, 〈우공禹貢〉((서경)의 편명으로, 여기에서는

하나라의 우 임금이 순 임금의 명을 받아 홍수를 다스리고 구주를 정리한 뒤에 제후들에게 땅과 성씨를

내려 준 사실을 가리킨다)에서 성씨를 내릴 때 참여하지 못했으니, 한갓 동쪽 나라

의 백성일 뿐이다."

다만 기자의 후손이 선우씨가 되었고, 고구려는 고씨가 되었으며, 신라의

여러 임금인 박 · 석 · 김 세 성과 가락국 임금인 김씨는 임금으로서 스스로

성을 정했으니, 귀한 씨족이 되었다. 신라 말부터 중국을 통해 비로소 성씨를

정하게 되었는데, 벼슬한 선비의 씨족만 성을 가졌고 일반 백성들은 성이 없

었다. 고려가 삼한을 통일하자 비로소 중국의 씨족을 본떠서 여러 갈래로 성

을 나누어 주었고, 그제야 모든 사람들이 성을 갖게 되었다.

그러나 성을 받기 전에도 씨족의 갈래가 각각 달라서 본관이 같은 사람만 같은 성씨라 했다. 만약 본관이 다르면 성이 비록 같더라도 집안이라 하지 않고 혼인도 금하지 않았는데, 이는 조상이 다르기 때문이다. 그러므로 고려 왕조가 성을 내려 줄 때 무슨 존귀한 차이가 있었겠는가. 그런데도 지금의 사대부들이 이를 지킬 욕심으로 망령되게 너와 나를 가리니, 이상한 일이다.

우리 조선이 개국할 때 유학을 높인다는 명분으로 나라를 세워, 지금 백성들 사이에 사대부란 이름이 성행한다. 이는 사람을 쓰는 데 오직 문벌만을 보기 때문이다. 사람의 품계가 매우 다양해져 종실과 사대부는 조정에서 벼슬하는 가문이 되었고, 그 밑으로는 향리의 품관·중정·공조 따위가 되었다. 이보다 못한 계층은 사서·장교·역관·산원·의관·방외인이 되었고, 더 못한 계층은 아전·군호·양민 따위가 되었으며, 더 못한 계층은 공사의 천한 노비가 되었다.

노비에서 지방 아전에 이르는 계층이 하등한 계층이고, 서얼과 잡색이 중인 계층이며, 품관과 사대부를 합쳐 양반이라 이른다. 그러나 품관도 한 계층이고, 사대부 또한 한 계층이다. 사대부 중에서도 대가와 명가라는 구분이 있으니, 그 이름에 따른 차이가 매우 많고 서로 교유하지도 않는다.

거리끼고 걸리는 것이 이와 같으므로 흥망성쇠의 변화가 없을 수 없다. 그러므로 사대부라도 혹 낮아져서 평민이 되기도 하고, 오랫동안 평민으로 지내던 자가 점점 높아져 사대부가 되기도 한다. 선우씨는 평양의 품관이었으나 지금은 사대부가 된 자가 아무도 없고, 석씨와 고씨는 그 씨족이 사라졌다. 오직 신라의 박씨와 김씨, 가락국의 김씨가 임금의 후손으로서 지금도 귀한 신분으로 변성한데, 이 두 성씨는 우리나라에서 첫째가는 씨족이다.

또 중국 사람으로서 이 땅에 자손을 남긴 자도 많다. 기자와 위만을 따라온 자도 있고, 고려의 왕비와 공주를 따라온 자도 있다. 고려와 원나라가 한 나라로 통할 때 백성들이 오가는 것을 막지 않았으므로 옮겨 와서 그대로 산 자도 있었다. 이들에게는 고려에서 성씨를 주지 않았으므로, 계파도 분명하지 않고 이름을 날린 자도 적다.

중국에서 들어와 이름을 높인 씨족으로는 온양 맹씨, 연안 이씨, 여주 이씨, 남양 홍씨, 원주 원씨, 해주 오씨, 의령 남씨, 거창 신씨, 창원 황씨 등이고, 이에 속하지 않은 성씨는 모두 고려에서 내린 것이다. 그러므로 지금 사대부의 족보를 살펴보면 고려 때 성씨를 받은 자 중에서 시조가 많이 나왔다.

그러나 일이 오래되면 바꾸기 어려운 법이다. 고려 때부터 지금까지 팔백 년 동안 비천한 신분에서 존귀한 신분이 되기도 하고, 또 존귀한 신분으로서 여러 대를 내려오기도 했다. 그들의 덕행과 공업은 역사에 빛나고 서책에 전하기에 충분하다. 그러므로 그들이 어찌 중국의 최씨·노씨·왕씨·사씨 후손보다 못하겠는가.

조선은 고려에 비해 문명이 더 발달했다. 옛날 세종대왕은 성인의 자질을 가지고 임금과 스승의 자리에 올라 예법과 교육으로써 한 세상을 다스렸다. 이에 사대부는 집집마다 문장을 말하고 집안마다 도덕을 이야기해 문채文彩가 빛났다. 학문의 자질이 부족하면 비천한 사람이라 했고, 혼인에 조금이라도 잘못된 것이 있으면 오랑캐로 대우했으며, 행실에 조그만 흠이라도 있으면 서로 사귀지 않았다.

무사와 장사꾼은 비록 사대부 출신이더라도 또한 천하게 여겼다. 그러므로 사대부 되기가 자연히 어려워져, 반드시 문학을 익히고 행실에 힘써 자신을 수양하고 집안을 잘 다스린 다음이라야 세상에 나아갈 수가 있었다. 이로써 벼슬길에 나아가거나 물러날 때, 행동하거나 자중할 때, 말할 때와 입을 다물 때조차도 모두 남에게 지목받았다.

　세종대왕부터 선조까지 이백 년을 내려오면서 때로는 성하고 쇠함이 있었고, 사람도 모두 다 착할 수만은 없어 논의가 치우친 적이 많았다. 논의가 치우친 뒤로는 어진 자라도 남을 감복시키지 못했고, 부족한 자도 몸을 쉽게 감출 수 있어서, 사대부의 입신양명이 더욱 어렵게 되었다.

　나라의 제도가 비록 사대부를 우대했으나, 죽이는 일도 또한 가벼이 했다. 그러므로 어질지 못한 자가 권력을 잡으면 나라의 형법을 빙자하여 사사로이 원수를 갚기도 하여 사화가 여러 번 일어났다. 명망이 없으면 버림을 받고, 명망을 얻으면 시기를 받았다. 시기하면 반드시 죽여야만 끝이 나니, 참으로 벼슬하기도 어려운 나라다. 급기야 기강이 쇠퇴해지면서 시비를 다투는 것이 커졌고, 다툼이 커지면서 원수도 깊어졌다. 원수가 깊어지자 급기야 살육까지 했다.

　아아, 사대부가 벼슬을 하지 못하면 갈 곳은 산림뿐이다. 이는 예나 지금이나 마찬가지인데, 지금은 그렇지가 않다. 무신년(1728년)에 여러 역적이 사대부의 신분으로 향리에서 일을 일으켰다. 그들을 다 제거한 뒤에도 조정에서는 매양 산림 으슥한 곳에서 큰 도적이 나오지 않을까 의심했다. 역적에 대한 의심을 풀고 나면 이번에는 마음씨를 의심하여 괴상하고 편벽되다고 지목한다.

조정에 나아가 벼슬하고자 하면 칼과 톱과 솥과 가마 따위로 정적을 죽이는 당쟁이 그치지 않고, 초야에 물러나 살고자 하면 첩첩 푸른 산과 끝없는 푸른 물이 없는 것이 아니건만 쉽게 가지도 못하니, 장차 사대부는 어디로 편히 돌아갈 것인가.

산림으로만 돌아갈 수 없는 것이 아니다. 말 한마디, 행동 하나에도 의심받는 것은 품관이나 중인이나 하인이 아니고 매양 사대부들이다. 등용되거나 버림받거나, 높은 벼슬을 하거나 벼슬길이 막히거나, 초야에 있거나 조정에 있거나를 막론하고 몸 둘 곳이 거의 없다. 그러므로 글을 읽고 수행하여 사대부가 된 것을 후회하고, 도리어 농·공·상을 부러워하게 되었다. 예전에는 사대부를 농·공·상보다 높게 여겼는데, 지금에 와서는 참으로 농·공·상보다 못하다는 말인가. "사물이 극에 이르면 되돌아온다"고 했으니, 진실로 이치가 그러하다. 그러므로 이 넓은 하늘 아래 한번 사대부라는 이름을 얻으면 갈 곳이 없다.

그렇다면 사대부의 신분을 버리고 농·공·상이 되면 평안함과 명성을 얻을 수 있을까? 그렇지 않다. 치우친 논의의 해악이 오직 사대부에게만 미치는 것이 아니다. 품관과 중인에서 가마를 메는 천민까지도 각기 좋게 지내는 자가 있을지니, 남의 지목을 면치 못한다. 농·공·상이라 하여 어찌 서로 좋게 여기는 자가 없겠는가. 사람이 목석이나 금수가 아니고 남과 더불어 이 세상을 살아가니, 머리를 들고 눈을 뜨면 곧 남과 만나게 된다.

남과 만나면 가까워지거나 멀어지게 되고, 가까이하거나 멀리하는 마음에서 좋아하고 미워하는 것이 생긴다. 친하고 좋아하면 서로 합하게 되고, 멀어지고 미워지면 사이가 벌어져 배반하게 된다. 한번 어울리거나 배반했다는 지목을 받거나, 합치거나 떨어졌다는 지목을 받으면, 문득 한계가 생겨나 그도 이쪽으로 들어오지 못하고 이쪽 역시 그쪽으로 나아가지 못한다. 비록 중간에서 행동하려 해도 어찌할 수가 없다. 이러한 한계가 사람을 우리에 가두니, 산하가 아님에도 쇠와 돌보다 더 굳고, 방향도 없는 것이 정해진 위치만 확실하다. 한 사람도 이 우리에서 벗어나지 못하니, 이것이 오늘날 치우치게 논의한 결과다.

치우친 논의가 처음에는 사대부에게서 나왔으나, 결국 사람들이 서로 용납하지 못하는 지경에 이르렀다. 옛말에 이런 것이 있다.

"불이 나무에서 생겼으나 불이 일어나면 반드시 나무를 이긴다."

그러므로 동쪽에도 살 수 없고, 서쪽에도 살 수 없으며, 남쪽에도 살 수 없고, 북쪽에도 살 수 없다. 이로써 장차 살 곳이 없어질 것이고, 살 곳이 없으면 동서남북도 없을 것이다. 동서남북이 없다는 것은 곧 사물의 구별이 확실하지 않은 하나의 태극도를 뜻한다. 그리되면 사대부도 없고 농·공·상도 없으며 살 곳도 없을 것이니, 이른바 땅이 아닌 땅이라 하는 것이다. 이에 사대부가 살 만한 곳을 적어 보았다.

발문

    옛날에 도가 행해지지 않자 공자가 노나라 역사를 빌려 왕도를 행하면서 선을 칭찬하고 악을 비판했다. 이는 사실을 가지고 뜻을 나타낸 것이다. 장자는 세상에 나아가지 않고 여러 편의 글을 지어 넓고 뛰어나며 위대한 말을 했다. 그는 만물을 하나로 보았으니, 장수와 단명도 하나이고 범부와 성인도 한 가지로 여겼다. 이는 비어 있음을 가지고 뜻을 나타낸 것이다. 비어 있음[虛]과 찬 것[實]이 비록 다르지만 나타낸 뜻은 같다.

    옛날 내가 황산강 가에 머물 무렵, 무료한 여름날 팔괘정에 올라 더위를 식히면서 우연히 쓴 글이 있다. 이는 우리나라의 산천과 인물, 풍속과 정치, 교화의 연혁, 치란 득실의 잘하고 나쁜 것을 가지고 차례로 엮어 기록한 것이다. 옛사람이 이렇게 말했다.

    "예악이란 것이 어찌 예물이나 악기만을 말하는 것이랴."

이는 예악의 진정한 뜻을 모르고 형식만 찾는 것을 한탄한 것이다. 나의 글 역시 살 만한 곳을 찾으려 해도 살 곳이 없음을 한탄한 것이니, 넓게 보는 자라면 글자 밖에서 구하는 것이 좋을 것이다.

아, 이것이 참된 것이라면 백성들에게 이익을 고루 나누는 것이고, 거짓된 것이라면 작은 겨자씨와 크나큰 수미산과 같다 할 것이니, 후세에 반드시 분별하는 자가 있을 것이다.

신미년 초여름 상순에 청화산인 이중환이 쓰다.

《택리지》는 청화산인이 지은 것이다. 이제 이 글을 읽어 보니 비록 팔도 안에 있는 살 만한 곳을 말했으나, 어찌 그의 뜻이 여기에만 있었겠는가. 역대 연혁과 인재의 성하고 쇠함, 풍속의 뛰어남과 모자람을 논한 대목에서는 힘써 애쓴 것이 보인다. 사실은 대략 적었으나 넓게 수집했고, 말은 간략하나 모든 것을 포괄하여 어엿한 하나의 동국사東國史라 할 것이다.

산천과 도로의 평탄하고 험한 것, 국경의 방비와 성지城地의 흥함과 멸함을 눈으로 직접 보고 발로 직접 걸은 것 같으니, 큰 것이든 작은 것이든 빠뜨리지 않았다. 이는 곧 축화보가 지은 《방여지》와 같다. 또한 나라와 개인의 재물이 나오는 근원과 산과 바다의 산물의 귀하고 흔한 것을 자세히 분석하여 조리 있게 말하니, 이는 곧 반맹견이 지은 《식화지》와 같다.

상하 고금 수천 년의 상세한 일까지 모두 갖추어 써서 완벽하게 했다. 또 풍수가의 애매한 말과 선불가의 영험하고 기이한 발자취까지도 모두 적었으니, 총명하고 박학하고 문장이 뛰어난 자가 아니면 어찌 여기까지 이르렀겠는가.

아, 우리나라 대보단의 일은 진실로 역사에 남을 큰 의리다. 그러나 우리에게 은혜를 준 명나라의 여러 사람을 배향하지 않는 것은 한스러운 일이다. 이제 이 글의 저자가 석성, 형개, 양호, 이여송 네 사람을 받들었다. 세상에서 진실로 그의 말을 쓰는 자가 있다면, 이는 《시경》〈하천〉의 마지막 장에서 순백의 노고를 추모하는 것과 같다. 이에 나는 느끼는 바가 더욱 많다.

임신년 초여름에 불과헌산인弗過軒散人이 쓰다.

사대부라는 명칭은 생긴 지 오래되지 않았다. 대개 진晉과 송宋 이후 왕씨·사씨·최씨·노씨에서 비롯되었다.

옛날에 선비라는 자들은 경서를 읽어 뜻을 분별했다. 그들의 업은 비록 달랐으나, 농·공·상과 섞여 살았다. 그러나 후대에는 사대부가 옛날의 세경과 세대부로서, 문벌이 높은 집안을 가리킨다. 이들은 농·공·상과 따로 떨어져 아무 곳에나 섞여 살지 않았다. 조정에 나아가 벼슬을 하면 아침에는 사람과 가마가 바다를 이루고 저녁에는 문이 잠기는 서울에 사는 것이 마땅하고, 벼슬에서 물러나면 이름난 도회나 큰 고을, 아름다운 산과 물이 어우러진 곳에 사는 것이 마땅하다. 그런즉 사는 곳을 가리지 않을 수 없다.

청화자는 명문의 자제로서 일찍이 젊은 나이에 과거에 올라 문학과 재략으로 온 세상을 놀라게 했다. 그는 진실로 임금의 뜻을 빛내고 국론을 도울 만했다. 벼슬길 또한 탄탄히 빛날 듯했는데 불행히도 운명이 그의 문장을 미워한 것일까? 귀신이 시기하고 노했는지 먼 길 가는 수레의 고삐를 당기는 듯했다. 떠돌면서 엎어지고 넘어져 머물 집조차 없어지자 마침내 농사를 짓거나 채마밭을 가꾸고자 했다. 결국 그마저 할 수 없자 《택리지》를 짓게 되었다.

이에 말하기를 서쪽도 마땅치 않고 북쪽도 마땅치 않으며 동쪽과 남쪽에도 알맞은 곳이 없다 하니, 어디에도 갈 곳이 없는 의기소침한 심정과 탄식이 보인다. 인심이 험한 것과 세상이 박절한 것은 여기에서도 나타나니, 그의 뜻이 너무 슬프다.

그러나 거처한다는 것은 몸을 편하게 하는 것으로, 이는 곧 외형적인 것이다. 마음을 즐겁게 하는 것은 이에 있지 않고 안에 있음이라. 진실로 안과 밖의 분별을 잘 살핀다면 그 몸을 빈 배에 실은 것처럼 편안함을 찾을 것이니, 세상이 창으로 쌀을 일고 칼로 밥을 한다 해도 다 아름다운 경지로 보일 것이다. 그러면 장차 촌로 곁에서 자리를 함께할 것이니, 어찌 살 곳을 꼭 가릴 것인가.

임신년 동짓달에 동계기인東溪畸人이 쓰다.

공자가 처음으로 마을을 가려서 살아야 한다고 하고는 구이에 살고자 했다. 하물며 지금 세상에 오직 이곳만 정토이겠는가. 그러나 공자가 다시 살아 난다면 반드시 동해를 건널 것이니, 살 곳으로 이곳만한 곳이 어디 있겠는가.

청화자는 온 나라에 살 곳이 없다 했는데, 이 어찌 공자가 마을을 가린 것과 같지 않겠는가. 공자가 살던 무렵에도 구이의 누추함을 의심했는데, 지금 그 누추함이 더욱 심해졌으니, 청화자가 "살 곳이 없다"라고 한 것도 이에서 나온 것이다.

그러나 공자도 구이에서 살고자 했으나 결국 살지 않았다. 청화자는 이 땅에서 났으니 살지 않으려 해도 살지 않을 수 없다. 그러므로 성인이 말한 '군자가 사는 도리'로 산다면, 살 수 없는 곳을 언젠가 한번 크게 바꾸어 살 만한 곳으로 만들 것이다. 그러면 동쪽에서도 살 수 있고, 서쪽 또한 그러하며, 남쪽과 북쪽 역시 그러할 것이니, 어찌 없다고 하겠는가.

계유년 늦봄에 용문산인이 쓰다.

《택리지》한 권은 고故 정자正字 이중환이 편찬한 것으로, 나라 사대부들이 사는 터전의 좋고 나쁨을 논한 것이다. 나는 살 곳을 말할 때 우선 물과 불을 보고, 다음으로 오곡을 보고, 그 다음은 풍속을 보고, 다음으로 경치의 뛰어남을 보아야 한다고 말한다.

물과 불이 멀면 사람의 힘이 바닥나게 되고, 오곡을 갖추지 않으면 흉년이 계속될 것이다. 또 풍속이 문을 숭상하면 말이 많아지고, 무를 숭상하면 싸움이 많아지며, 이익을 받들면 백성이 간사해지고, 땅이 메말라 힘써 일해도 쓸 모가 없으면 인심이 고루해지고 사나와진다. 산천이 탁하고 험하면 백성들이 뛰어나게 되기 힘들고 혼탁해지니, 이것이 그 큰 줄거리다.

나라 안에서 터와 곡식이 뛰어나기로는 오직 영남이 최고다. 사대부들이 비록 때를 만나지 못했다 해도 그 귀함과 부함이 쇠퇴하지 않았다. 집집마다 한 조상을 받들고 한 터를 잡아 집안이 흩어지지 않으니, 그 근본이 나누어지지 않고 튼튼하게 유지된다.

이씨가 퇴계를 받들어 도산에 자리했고, 류씨가 서애를 받들어 하회에 자리했으며, 김씨가 학봉을 받들어 천전에 자리했고, 권씨가 충재를 받들어 학곡에 자리했으며, 김씨가 개암을 받들어 호평에 자리했고, 김씨가 학사를 받들어 오미에 자리했으며, 김씨가 백암을 받들어 학정에 자리했고, 이씨가 존재를 받들어 갈산에 자리했으며, 이씨가 대산을 받들어 소호에 자리했고, 이씨가 석전을 받들어 돌밭에 자리했으며, 이씨가 회재를 받들어 옥산에 자리했고, 장씨가 여헌을 받들어 옥산에 자리했으며, 정씨가 우복을 받들어 우산에 자리했고, 최씨가 인재를 받들어 해평에 자리하는 등 그 수를 셀 수가 없다.

그 다음은 호서 지방으로, 회천 송씨·이잠 윤씨·연산 김씨·서산 김씨·탄방 권씨·부여 정씨·면천 이씨·온양 이씨 등이 모두 자리를 잡고 세상에 알려졌다. 호남의 풍속은 호협하기만 하고 질박함이 적어, 고씨 제봉의 후손, 기씨 고봉의 후손, 윤씨 고산의 후손 등 몇 집 외에는 이름을 날린 자가 적다.

열수(한강) 위로는 오직 여주의 백애와 충주의 목계가 괜찮다고 하며, 강 북쪽으로는 춘천 천포와 양근의 미원이 또한 뛰어나다.

나는 소천 촌서에 살고 있는데, 물은 몇 바탕이 되는 곳에서 구하고, 연료는 십 리 밖에서 구한다. 오곡은 심지 않고 이득만을 받드니, 대체로 좋은 땅은 못 된다. 다만 뛰어난 경치만은 취할 만하다.

그러나 사대부로서 터를 차지하고 후손에게 전하는 것은 옛날 제후에게 나라가 있는 것과 같아서, 옮겨 다니며 크게 떨치지 못하면 곧 나라가 망하는 것과 같다. 그런 까닭에 나도 돌아보고 머뭇거리며 소천을 떠나지 못하는 것이다.

열수 정약용 미용이 쓰다.

옮긴이의 말

"왜 고전을 읽어요?"

"재미있으니까."

"고전이 뭐가 재미있어요? 무슨 소리인지도 모르겠고, 어투도 요즘 말과 다르고, 게다가 옛날이야기라 요즘에 필요한지도 모르겠던데⋯."

그렇습니다. 얼핏 보면 고전은 무슨 소리인지도 모를 옛날이야기를 옛날 말로 써 놓은 썩 쓸모없는 글 같습니다. 그런데도 저는 읽을 때마다 너무 재미있어서 눈을 떼지 못합니다. 게다가 재미와 함께 도움도 됩니다. 그래서 제 경험이 혹시라도 여러분께 도움이 될까 하여 한마디 씁니다. 고전의 즐거움에 대해서 말이죠.

인간은 생각하고 행동하는 동물이지요. 그런 까닭에 우리는 매일 자신의 생각과 행동을 일기를 통해 기록하거나 메모합니다. 또 다른 사람의 생각과 행동을 보면서 즐거워하기도 하고 분노하기도 하지요. 결국 우리의 생각과 행동은 나와 다른 사람을 연결해 주는 것입니다.

그런데 이런 인간의 행동을 기록한 것이 역사라면, 개인의 생각을 기록한 것이 고전입니다. 물론 고전이 모여 역사를 이루고 역사 속에서 인간의 생각을 꺼낼 수도 있지만, 간단히 말하면 그렇다는 거죠. 그래서 고전을 펼치면 옛사람들의 생각을 읽을 수 있습니다. 그저 아침에 일어나면 시종이 갖다 바치는 물에 세수하고, 의관을 정제한 뒤 낡아빠진 책이나 뒤적이다가, 손님이 오면 "어, 김 선비. 그래 댁내 안녕하신가?" 하고 의젓하게 인사를 나눈 뒤 술 한잔을 나누고, 밤이 되면 잠자리에 드는 조선 선비를 생각하던 제게 고전은 놀라움을 전해 주었습니다.

휴대 전화도 없고, 이곳저곳 빨리 다니는 차도 없으며, 회사나 공장도 없어서 할 일도 별로 없이 날마다 똑같은 곳에서 똑같은 삶을 살아갔을 것이라 여겼던 조상들이, 사실은 우리보다 훨씬 복잡한 생각에 잠겼고, 훨씬 다양한 경험을 했으며, 삶에 대해 우리보다 더 고민하고 연구했음을 알 수 있었으니까요.

자, 이제는 《택리지》에 대해 이야기해 볼까요. 조선시대에 최고의 학문은 역시 문학이요, 철학이었습니다. 물질의 발전보다는 정신의 발전을 훨씬 소중하게 여기던 시대니까요. 그런데 조선 후기로 오면서 이런 생각에 변화가 나타나기 시작했습니다. 서양 문물이 전해지면서 물질이 정신세계에 영향을 미친다는 사실을 깨닫게 되었거든요. 그리하여 다양한 분야의 실질적인 학문을 연구하는 실학파가 나타났습니다. 이것은 아마 여러분도 잘 아실 것입니다.

이중환도 실학파 가운데 한 분이었습니다. 그런데 이분은 눈에 보이는 산천이 눈에 보이지 않는 인간의 사고와 삶에 어떤 영향을 미치는지에 대해 의문을 품었습니다. 놀랍지 않나요? 이 시대의 우리도 생각하기 힘든 생각을 수백 년 전에 이미 고민했으니 말이지요. 요즘 말로 하면 국토 환경 조사와 아울러 토지 이용 연구를 동시에 진행하신 겁니다. 게다가 그곳에 사는 주민들의 생활 방식까지 덧붙여서 말입니다.

저는 이런 책이 있다는 것을 알고 너무나 궁금했어요. 우리 조상들은 그저 태어나서 똑같은 땅에서 똑같이 농사짓다가 똑같이 공동묘지에 묻혔을까? 밤나무를 심는 게 감나무를 심는 것보다 더 유리할까? 우리 고을 앞을 흐르는 물길을 이용해서 이 고장의 특산물을 한양에 내다 팔 수는 없을까? 이 마을의 겨울 평균 기온은 앞산 때문에 다른 고장보다 높으니, 보리농사를 지을 수는 없을까? 개성 인삼이 청나라에서 그렇게 인기라는데, 이를 획기적으로 증대시키는 방법은 없을까? 높은 지방에 사는 주민들은 평야 지대에 사는 주민들과 성품이 같을까 다를까? 왜 영남 지방의 사투리는 다른 지방과는 달리 억양이 있을까? 함경도 사람들은 저 남녘의 전라도 사람들과 어떻게 다를까? 왜 각 고장마다 좋아하는 음식이 다를까?

나와 이웃이 함께 살아가는 고장과 나라에 대해 의문을 품어 보는 것은 뜻밖의 재미와 즐거움을 줍니다. 연예인이 누구와 결혼하고 어떤 영화에 출연하는지 우리와 아무런 상관이 없어도 궁금해하는 것과 마찬가지로, 나와 어떤 식으로든 연관된 존재에 대해 알아 가는 것은 재미있거든요. 게다가 이웃, 고장, 나라와 우리 할아버지들에게서 이어져 내려온 삶에 대해 궁금증을 품지 않는다면 오히려 이상한 게 아닐까요? 그래서 저는 오늘도 고전을 읽습니다. 읽으면서 무릎을 치지요.

"아하! 한양이 수도 서울이 된 이유가 바로 이것이구나."